Ernst Käppeli

Aufgabensammlung zur Fluidmechanik

Teil 1
Potentialströmungen

Verlag Harri Deutsch

Die Deutsche Bibliothek - CIP-Einheitsaufnahme

Käppeli, Ernst:
Aufgabensammlung zur Fluidmechanik / Ernst Käppeli. - Thun ; Frankfurt am Main : Deutsch
NE: HST
Teil 1. Potentialströmungen. - 1992
ISBN 3-8171-1249-1

ISBN 3-8171-1249-1

Dieses Werk ist urheberrechtlich geschützt.
Alle Rechte, auch die der Übersetzung, des Nachdrucks und der Vervielfältigung des Buches - oder von Teilen daraus - sind vorbehalten.
Kein Teil des Werkes darf ohne schriftliche Genehmigung des Verlages in irgendeiner Form (Fotokopie, Mikrofilm oder ein anderes Verfahren), auch nicht für Zwecke der Unterrichtsgestaltung, reproduziert oder unter Verwendung elektronischer Systeme verarbeitet werden.
Zuwiderhandlungen unterliegen den Strafbestimmungen des Urheberrechtsgesetzes.

1. Auflage 1992
© Verlag Harri Deutsch, Frankfurt am Main, Thun, 1992
Druck: Difo-Druck, Bamberg
Printed in Germany

VORWORT

Die vorliegende Aufgabensammlung zur Fluidmechanik, Teil 1 Potentialströmungen, ist eine übungsbezogene Fortsetzung der im Harri Deutsch Verlag erschienenen, vom Verfasser ausgearbeiteten "Strömungslehre und Strömungsmaschinen".

Sie erweitert, ergänzt und vertieft in leichtfasslicher Art das dortige Kapitel über "Zweidimensionale stationäre inkompressible reibungsfreie Strömungen (Ebene Potentialströmungen)".

Das Strömungsfeld eines zähen Fluides bei einer Um- oder Durchströmung lässt sich in zwei Hauptgebiete aufteilen, welche getrennt berechnet werden: Wandnah strömt die reibungsbehaftete Grenzschicht. Ausserhalb der Grenzschicht liegt dagegen praktisch Potentialströmung vor, denn dort verhält sich auch ein zähes Fluid so wie ein ideales, reibungsfreies.

Der inhaltliche Schwerpunkt der vorliegenden Aufgabensammlung liegt in der Berechnung einfacher Potentialströmungen und der Konstruktion der Stromlinienbilder. Zu diesem Zwecke werden die dafür geeigneten einfachsten Grundgleichungen und Funktionen der mathematischen Strömungslehre verwendet.

Zu allen Aufgaben folgt jeweils unmittelbar die vollständige Lösung. Darin ist der Lösungsweg anschaulich und leicht nachvollziehbar in verständlichen Schritten dargelegt. Die Lösungen dienen dem Leser sowohl der Erfolgskontrolle eigener Überlegungen als auch der Erfassung und Vertiefung des Stoffes in gleicher Weise. Das Wissen des Studierenden wird so am wirkungsvollsten erweitert und gefestigt.

Die Aufgabensammlung wendet sich an einen breiten Leserkreis:

An Studierende des Maschinenbaus im Grundstudium an Fachhochschulen und technischen Universitäten sowie an Ingenieure und Interessenten in der Praxis, die ihre Grundkenntnisse in der Fluidmechanik festigen, auffrischen, ergänzen oder erweitern wollen.

CH-8630 Rüti (ZH), 1992   Ernst Käppeli

INHALT

1. **Grundgesetze der ebenen inkompressiblen Potentialströmung** ... 7

   Potentialfunktion / Stromfunktion / Geschwindigkeitskomponenten / Kontinuitätsgleichung / Drehungsfreiheit / Laplace-Gleichung / Bernoulli-Gleichung/ Komplexe Strömungsfunktion / Zirkulation / Überlagerungsprinzip / Geschwindigkeitsfeld / Potentiallinien / Stromlinien / Potentialnetz

2. **Elementare Strömungsbilder** ... 10

   Translationsströmung / Winkelraum-Staupunkt und Eckenströmung / Quelle / Senke / Potentialwirbel / Quellsenkenpaar / Dipol

3. **Überlagerungsprinzip** ... 14

   Singularitätenmethode / Kreiszylinderumströmung / Zirkulatorische Kreiszylinderumströmung / Ovaler Körper / Halbkörper / Halbkörper mit Abplattung / Halbkörper mit Einbeulung / Rotationssymmetrischer Halbkörper / Kugelumströmung / Strömungsgrössen der ebenen inkompressiblen Strömung um zylindrische Körper

4. **Aufgaben zur ebenen inkompressiblen Potentialströmung** ... 20

   4.1 **Grundlegende Beziehungen an Potentialströmungen** ... 20

   Kontinuität / Drehungsfreiheit / Strom- und Potentialfunktion / Potentialnetz/ Laplace-Gleichung / Geschwindigkeitskomponenten

   4.2 **Elementare Potentialströmungen** ... 30

   Winkelraum-, Staupunkt- und Eckenströmung / Komplexe Strömungsfunktion/ Strom- und Potentialfunktion / Komplexe Geschwindigkeit / Stromlinienbilder/ Ebene Staupunktströmung / Senkenströmung / Translationsströmung

   4.3 **Überlagern von Potentialströmungen** ... 44

   Singularitätenverfahren / Potential- und Stromfunktion / Komplexe Strömungsfunktion / Quellen unterschiedlicher Stärke / Konstruktion von Strömungsbildern / Zylindrische Körper: Halbkörper / Ovaler Körper / Halbkörper mit Einbeulung / Kreiszylinderumströmung / Zirkulatorische Kreiszylinderumströmung / Drücke und Kräfte in Potentialströmungen / Kutta-Joukowskischer Satz / Magnuseffekt
   Rotationssymmetrische Körper: Halbkörper / Kugelumströmung
   Kompliziertere Strömungsbilder durch Überlagerung mehrerer Elementarströmungen / Tragflügel

   Literaturverzeichnis ... 103

   Stichwortverzeichnis ... 104

1. Grundgesetze der ebenen inkompressiblen Potentialströmung

Tabelle 1.1

Potentialfunktion	Stromfunktion	
$\Phi(x,y)$ bzw. $\Phi(r,\varphi)$	$\Psi(x,y)$ bzw. $\Psi(r,\varphi)$	
$\operatorname{grad} \Phi = \vec{c} = \left(\dfrac{\partial \Phi}{\partial x}, \dfrac{\partial \Phi}{\partial y}\right)$	$\operatorname{grad} \Psi = \left(\dfrac{\partial \Psi}{\partial x}, \dfrac{\partial \Psi}{\partial y}\right)$	

Geschwindigkeitskomponenten (Bild 1.1, 1.2, 1.3)

$u = \dfrac{\partial \Phi}{\partial x} \qquad v = \dfrac{\partial \Phi}{\partial y}$	$u = \dfrac{\partial \Psi}{\partial y} \qquad v = -\dfrac{\partial \Psi}{\partial x}$	$u = c_r \cos\varphi - c_\varphi \sin\varphi$
$c_r = \dfrac{\partial \Phi}{\partial r} \qquad c_\varphi = \dfrac{1}{r}\dfrac{\partial \Phi}{\partial \varphi}$	$c_r = \dfrac{1}{r}\dfrac{\partial \Psi}{\partial \varphi} \qquad c_\varphi = -\dfrac{\partial \Psi}{\partial r}$	$v = c_r \sin\varphi + c_\varphi \cos\varphi$
		$c_r = u \cos\varphi + v \sin\varphi$
		$c_\varphi = -u \sin\varphi + v \cos\varphi$

Kontinuitätsgleichung $\qquad \operatorname{div} \vec{c} = 0 = \operatorname{div} \operatorname{grad} \Phi$

Laplace-Gleichung *)		
$\dfrac{\partial^2 \Phi}{\partial x^2} + \dfrac{\partial^2 \Phi}{\partial y^2} = 0 = \Delta\Phi = \nabla^2 \Phi$	$\dot{V} = \Psi_2 - \Psi_1 \quad (m^3/s)$ (Kanaltiefe 1 m)	$\dfrac{\partial u}{\partial x} + \dfrac{\partial v}{\partial y} = 0$
$\dfrac{\partial^2 \Phi}{\partial r^2} + \dfrac{1}{r}\dfrac{\partial \Phi}{\partial r} + \dfrac{1}{r^2}\dfrac{\partial^2 \Phi}{\partial \varphi^2} = 0$	rot grad $\Psi = 0$	$\dfrac{1}{r}\left(\dfrac{\partial(rc_r)}{\partial r} + \dfrac{\partial c_\varphi}{\partial \varphi}\right) = 0$

Drehungsfreiheit $\qquad \operatorname{rot} \vec{c} = 0$

	Laplace-Gleichung	
rot grad $\Phi = 0 = \operatorname{rot} \vec{c}$	$\dfrac{\partial^2 \Psi}{\partial x^2} + \dfrac{\partial^2 \Psi}{\partial y^2} = 0 = \Delta\Psi = \nabla^2 \Psi$	$\dfrac{\partial v}{\partial x} - \dfrac{\partial u}{\partial y} = 0 = \operatorname{rot} \vec{c}$
	$\dfrac{\partial^2 \Psi}{\partial r^2} + \dfrac{1}{r}\dfrac{\partial \Psi}{\partial r} + \dfrac{1}{r^2}\dfrac{\partial^2 \Psi}{\partial \varphi^2} = 0$	$\dfrac{1}{r}\left(\dfrac{\partial(rc_\varphi)}{\partial r} - \dfrac{\partial c_r}{\partial \varphi}\right) = 0$

Komplexe Strömungsfunktion $\qquad F(z) = \Phi + i\Psi$

$z = x + iy = r(\cos\varphi + i \sin\varphi) = r\, e^{i\varphi}$, Komplexe Geschwindigkeit $w(z)$

Konjug. komplexe Geschwind. $\quad \overline{w}(z) = \dfrac{dF(z)}{dz} = u - iv = \dfrac{\partial \Phi}{\partial x} + i\dfrac{\partial \Psi}{\partial x} = F'(z)$

(Bild 1.4)
$|\overline{w}| = |w| = |\vec{c}| \qquad \overline{w}(z) = \left(\dfrac{\partial \Phi}{\partial r} + i\dfrac{\partial \Psi}{\partial r}\right) e^{i\varphi} = (c_r - i c_\varphi)\, e^{-i\varphi}$

---

*) Laplace-Operator $\nabla \cdot \nabla = \nabla^2 = \Delta$ (Delta); Nabla-Operator $\nabla(\ ) = \left(\dfrac{\partial(\ )}{\partial x}, \dfrac{\partial(\ )}{\partial y}\right)$

Hinweise zu den Grundgleichungen der ebenen stationären inkompressiblen Potentialströmungen.

Strömungen mit rot $\vec{c} = 0$ sind wirbelfrei und gelten als Potentialströmungen. Als Mass für die Wirbelung gilt die Zirkulation Γ.

Sie ist definiert als Kurvenintegral $\quad \Gamma = \oint_K \vec{c}_t \, d\vec{s}$

$\vec{c} \cdot d\vec{s}$ ist das Skalarprodukt aus dem Geschwindigkeitsvektor $\vec{c}_t$ in Tangentenrichtung und dem Wegelement $d\vec{s}$ längs einer geschlossenen Kurve K.

Die Summe der durch sämtliche Begrenzungswände eines Teilchens ein und austretenden Fluidmengen muss Null sein. Ausgedrückt durch die Kontinuitätsgleichung für volumenbeständige Fluide (ρ = konst.) :

$$\text{div } \vec{c} = \frac{\partial u}{\partial x} + \frac{\partial v}{\partial y} = 0 \qquad (1)$$

Es besteht für das Geschwindigkeitsfeld ein Potential $\Phi(x,y)$ mit $\vec{c} = \text{grad } \Phi$. Im wirbelfreien Geschwindigkeitsfeld gilt dann

$$\text{rot } \vec{c} = \frac{\partial v}{\partial x} - \frac{\partial u}{\partial y} = 0 \qquad (2)$$

Die Geschwindigkeitskomponenten von $\vec{c}$ $\quad u = \partial \Phi / \partial x$ und $v = \partial \Phi / \partial y$ in die Kontinuitätsgleichung (1) eingesetzt führen für das Potential Φ auf die Laplace-Gleichung (Potentialgleichung)

$$\frac{\partial^2 \Phi}{\partial x^2} + \frac{\partial^2 \Phi}{\partial y^2} = \Delta \Phi = 0$$

Auch die Stromfunktion $\Psi(x,y)$ mit $u = \partial \Psi / \partial y$ und $v = - \partial \Psi / \partial x$ in die Bedingungen der Wirbelfreiheit (2) eingeführt ergeben die Laplace-Gleichung

$$\frac{\partial^2 \Psi}{\partial x^2} + \frac{\partial^2 \Psi}{\partial y^2} = \Delta \Psi = 0$$

Potentiallinien Φ = konst. und Stromlinien Ψ = konst. bilden miteinander ein Netz sich rechtwinklig schneidender Kurven.

Für Potentialströmungen gilt die Bernoulli-Gleichung

$$\frac{c^2}{2} + \frac{p}{\rho} + gz = \text{konst.} = E \text{ (Bernoulli-Konstante)}$$

im ganzen Raum, somit auch längs jeder Stromlinie.

Die Laplace-Gleichung ist linear. Für solche Funktionen gilt das Prinzip der linearen Ueberlagerung oder Superposition. Das erlaubt, durch beliebige Addition von Potential- oder Stromfunktionen neue Strömungsfelder und ihre Geschwindigkeitsfelder zu erzeugen (Singularitätenverfahren).

Stromlinien können schliesslich als Berandung des Stromfeldes oder als Körperkontur aufgefasst werden.
Auf diese Weise lassen sich die Umströmungsverhältnisse um Körper bestimmen.

Alle komplexen analytischen Funktionen $\quad F(z) = \Phi(x,y) + i \Psi(x,y) \qquad (3)$

drücken ebene Potentialströmungen aus und sind damit Lösungen der Laplace-Gleichung. (3) ist aufspaltbar in das reelle Potential Φ und die reelle Stromfunktion Ψ.

Zusammengefasst halten wir fest:

Überlagerungsprinzip	$\Phi = \Phi_1 + \Phi_2 + \Phi_3 + \Phi_4 + \ldots + \Phi_n$
Geschwindigkeitsfeld	$\vec{c} = \vec{c}_1 + \vec{c}_2 + \vec{c}_3 + \vec{c}_4 + \ldots + \vec{c}_n$
Potentiallinien Φ = konst. (ϕ)	$d\Phi = \frac{\partial \Phi}{\partial x} dx + \frac{\partial \Phi}{\partial y} dy = u\, dx + v\, dy = 0$
Stromlinien Ψ = konst. (ϕ)	$d\Psi = \frac{\partial \Psi}{\partial x} dx + \frac{\partial \Psi}{\partial y} dy = -v\, dx + u\, dy = 0$
Strom- und Potentiallinien bilden orthogonale Kurvenscharen (Potentialnetz)	$(\frac{dy}{dx})_{\Psi=\phi} = \frac{v}{u}\ ;\ (\frac{dy}{dx})_{\Phi=\phi} = -\frac{u}{v}\ ;\ -\frac{u}{v}\frac{v}{u} = -1$ $\text{grad}\Phi \cdot \text{grad}\Psi = \frac{\partial \Phi}{\partial x}\frac{\partial \Psi}{\partial x} + \frac{\partial \Phi}{\partial y}\frac{\partial \Psi}{\partial y} = u(-v) + vu = 0$

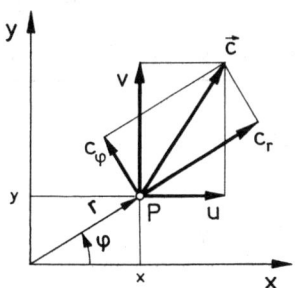

Bild 1.1
Kartesische Koordinaten x,y
Polarkoordinaten r,φ

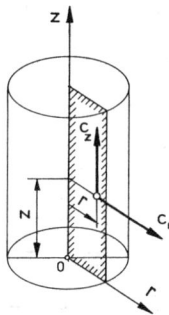

Bild 1.2
Drehsymmetrische Koordinaten r,z (Zweidimensionale Strömung)

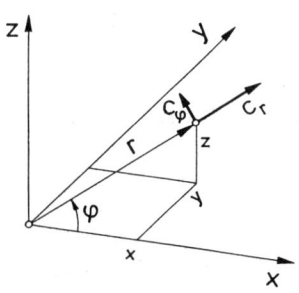

Bild 1.3
Kugelkoordinaten aus rechtwinkligen Koordinaten
$r = \sqrt{x^2 + y^2 + z^2}$

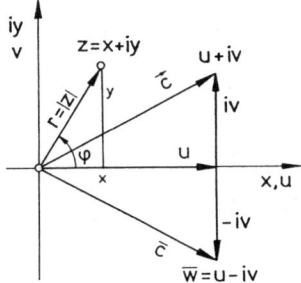

Bild 1.4 Komplexe Zahlen
Konjugiert komplexe Geschwindigkeit $\overline{w} = u - iv$. Komplexe Geschwindigkeit $w(z) = u + iv$

2. Elementare Strömungsbilder

Tabelle 1.2 Elementare Strömungsbilder der ebenen inkompressiblen Potentialströmung und ihre Beziehungen

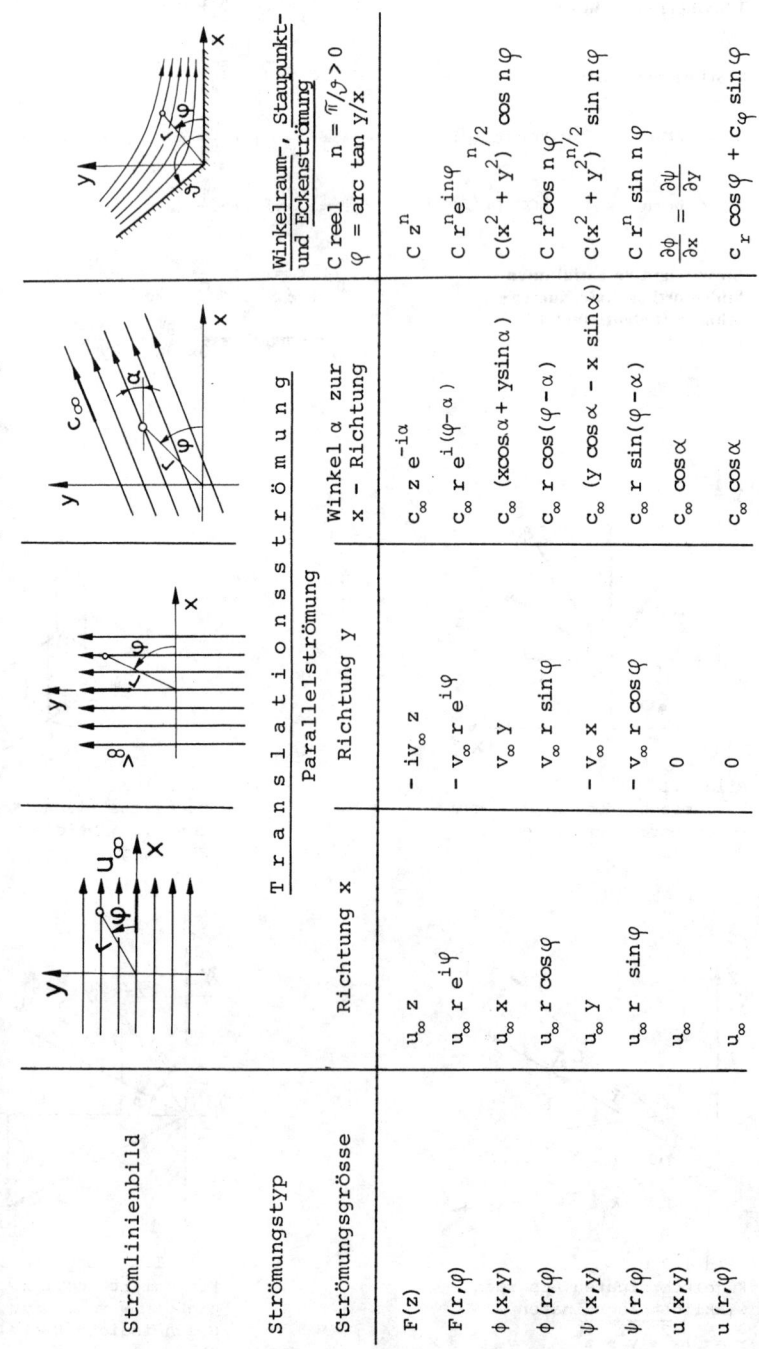

Stromlinienbild			
Strömungstyp	Translationsströmung Parallelströmung		Winkelraum-, Staupunkt- und Eckenströmung
Strömungsgrösse	Richtung x	Richtung y	Winkel α zur x-Richtung	C reel $\quad n = \pi/\vartheta > 0$ $\varphi = \arctan y/x$
$F(z)$	$u_\infty z$	$-iv_\infty z$	$c_\infty z\, e^{-i\alpha}$	$C\, z^n$
$F(r,\varphi)$	$u_\infty\, r\, e^{i\varphi}$	$-v_\infty\, r\, e^{i\varphi}$	$c_\infty\, r\, e^{i(\varphi-\alpha)}$	$C\, r^n e^{in\varphi}$
$\phi(x,y)$	$u_\infty\, x$	$v_\infty\, y$	$c_\infty\,(x\cos\alpha + y\sin\alpha)$	$C(x^2+y^2)^{n/2}\cos n\varphi$
$\phi(r,\varphi)$	$u_\infty\, r\cos\varphi$	$v_\infty\, r\sin\varphi$	$c_\infty\, r\cos(\varphi-\alpha)$	$C\, r^n \cos n\varphi$
$\psi(x,y)$	$u_\infty\, y$	$-v_\infty\, x$	$c_\infty\,(y\cos\alpha - x\sin\alpha)$	$C(x^2+y^2)^{n/2}\sin n\varphi$
$\psi(r,\varphi)$	$u_\infty\, r\sin\varphi$	$-v_\infty\, r\cos\varphi$	$c_\infty\, r\sin(\varphi-\alpha)$	$C\, r^n \sin n\varphi$
$u(x,y)$	u_∞	0	$c_\infty \cos\alpha$	$\dfrac{\partial\phi}{\partial x} = \dfrac{\partial\psi}{\partial y}$
$u(r,\varphi)$	u_∞	0	$c_\infty \cos\alpha$	$c_r \cos\varphi + c_\varphi \sin\varphi$

				$\dfrac{\partial \phi}{\partial y} = -\dfrac{\partial \psi}{\partial x}$
$v(x,y)$	0	v_∞	$c_\infty \sin \alpha$	$c_r \sin \varphi + c_\varphi \cos \varphi$
$v(r,\varphi)$	0	v_∞	$c_\infty \sin \alpha$	$C\,n(x^2+y^2)^{n-1/2} \cos n\varphi$
$c_r(x,y)$	$u_\infty \dfrac{x}{\sqrt{x^2+y^2}}$	$v_\infty \dfrac{y}{\sqrt{x^2+y^2}}$	$c_\infty \dfrac{1}{\sqrt{x^2+y^2}}(x\cos \alpha + y\sin \alpha)$	$C\,n\,r^{n-1} \cos n\varphi$
$c_r(r,\varphi)$	$u_\infty \cos \varphi$	$v_\infty \sin \varphi$	$c_\infty \cos(\varphi - \alpha)$	$-C\,n\,(x^2+y^2)^{n-1/2} \sin n\varphi$
$c_\varphi(x,y)$	$-u_\infty \dfrac{y}{\sqrt{x^2+y^2}}$	$v_\infty \dfrac{x}{\sqrt{x^2+y^2}}$	$-c_\infty \dfrac{1}{\sqrt{x^2+y^2}}(y\cos \alpha - x\sin \alpha)$	$-C\,n\,r^{n-1} \sin n\varphi$
$c_\varphi(r,\varphi)$	$-u_\infty \sin \varphi$	$v_\infty \cos \varphi$	$-c_\infty \sin(\varphi - \alpha)$	

Es bedeuten:

$F(z)$; $F(r,\varphi)$ Komplexe Strömungsfunktion
$\phi(x,y)$; $\phi(r,\varphi)$ Potentialfunktion
$\psi(x,y)$; $\psi(r,\varphi)$ Stromfunktion
$u(x,y)$; $u(r,\varphi)$ ⎫
$v(x,y)$; $v(r,\varphi)$ ⎬ Geschwindigkeitskomponenten
$c_r(x,y)$; $c_r(r,\varphi)$
$c_\varphi(x,y)$; $c_\varphi(r,\varphi)$ ⎭

Die noch vorhandene Integrationskonstante dieser Funktionen wird der Einfachheit halber fortgelassen. Sie wird im folgenden nur bei solchen Beispielen eingeführt, in denen sie für Berechnungen von Bedeutung ist.

Elementare Strömungsbilder der ebenen inkompressiblen Potentialströmung und ihre Beziehungen

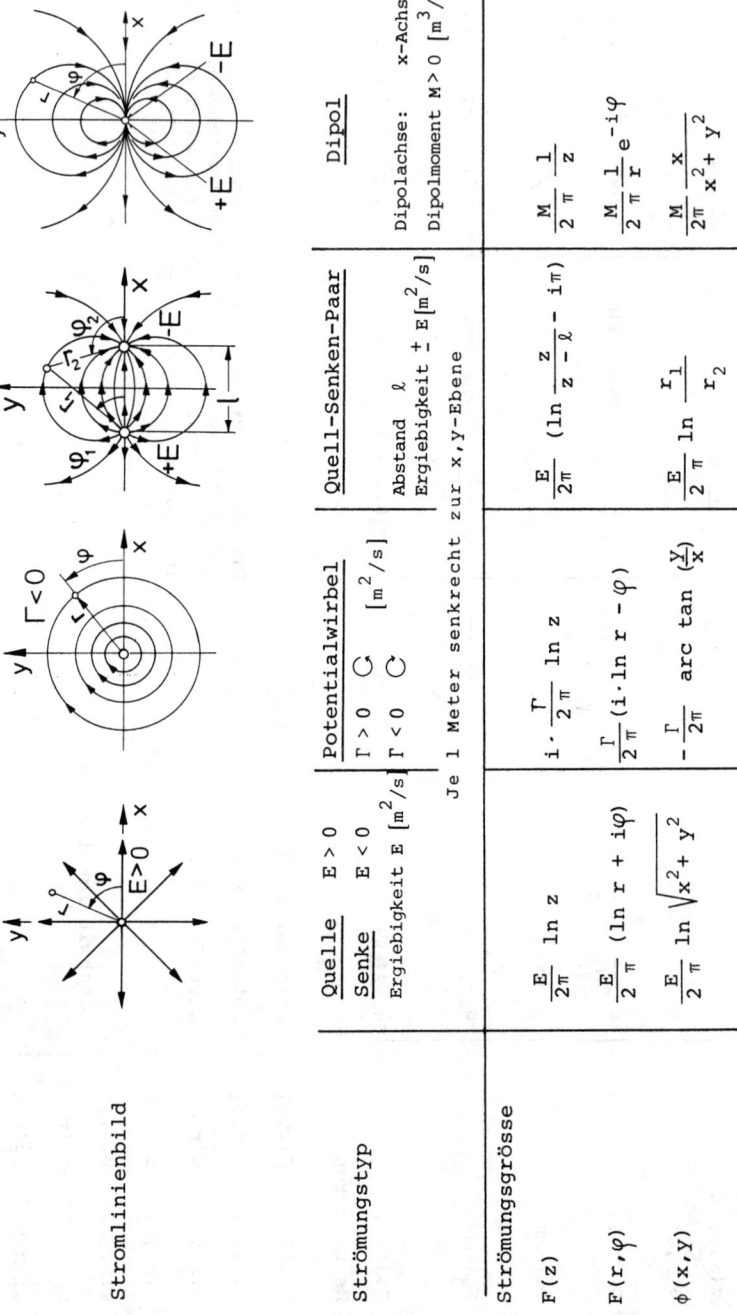

Strömungstyp	Quelle $E>0$ / Senke $E<0$ Ergiebigkeit $E\ [m^2/s]$	Potentialwirbel $\Gamma>0$ $\circlearrowleft$ / $\Gamma<0$ $\circlearrowright$ $[m^2/s]$	Quell-Senken-Paar Abstand ℓ Ergiebigkeit $\pm E\ [m^2/s]$	Dipol Dipolachse: x-Achse Dipolmoment $M>0\ [m^3/s]$
		Je 1 Meter senkrecht zur x,y-Ebene		
Strömungsgrösse				
$F(z)$	$\dfrac{E}{2\pi}\ln z$	$i\cdot\dfrac{\Gamma}{2\pi}\ln z$	$\dfrac{E}{2\pi}\left(\ln\dfrac{z}{z-\ell}-i\pi\right)$	$\dfrac{M}{2\pi}\dfrac{1}{z}$
$F(r,\varphi)$	$\dfrac{E}{2\pi}(\ln r+i\varphi)$	$\dfrac{\Gamma}{2\pi}(i\cdot\ln r-\varphi)$	$\dfrac{E}{2\pi}\ln\dfrac{r_1}{r_2}$	$\dfrac{M}{2\pi}\dfrac{1}{r}e^{-i\varphi}$
$\phi(x,y)$	$\dfrac{E}{2\pi}\ln\sqrt{x^2+y^2}$	$-\dfrac{\Gamma}{2\pi}\arctan\left(\dfrac{y}{x}\right)$		$\dfrac{M}{2\pi}\dfrac{x}{x^2+y^2}$

	Source (E)	Vortex (Γ)	Source pair (E)	Doublet (M)
$\Phi(r,\varphi)$	$\dfrac{E}{2\pi}\ln r$	$-\dfrac{\Gamma}{2\pi}\varphi$	$\dfrac{E}{2\pi}(\varphi_1-\varphi_2)$	$\dfrac{M}{2\pi}\dfrac{\cos\varphi}{r}$
$\psi(x,y)$	$\dfrac{E}{2\pi}\arctan\left(\dfrac{y}{x}\right)$	$\dfrac{\Gamma}{2\pi}\ln\sqrt{x^2+y^2}$	$\dfrac{E}{2\pi}\left(\dfrac{x+\ell}{r_1^2}-\dfrac{x}{r_2^2}\right)$	$-\dfrac{M}{2\pi}\dfrac{y}{x^2+y^2}$
$\psi(r,\varphi)$	$\dfrac{E}{2\pi}\varphi$	$\dfrac{\Gamma}{2\pi}\ln r$	$\dfrac{Ey}{2\pi}\left(\dfrac{1}{r_1^2}-\dfrac{1}{r_2^2}\right)$	$-\dfrac{M}{2\pi}\dfrac{\sin\varphi}{r}$
$u(x,y)$	$\dfrac{E}{2\pi}\dfrac{x}{x^2+y^2}$	$\dfrac{\Gamma}{2\pi}\dfrac{y}{x^2+y^2}$		$-\dfrac{M}{2\pi}\dfrac{x^2-y^2}{(x^2+y^2)^2}$
$u(r,\varphi)$	$\dfrac{E}{2\pi}\dfrac{\cos\varphi}{r}$	$\dfrac{\Gamma}{2\pi}\dfrac{\sin\varphi}{r}$		$-\dfrac{M}{2\pi}\dfrac{\cos 2\varphi}{r^2}$
$v(x,y)$	$\dfrac{E}{2\pi}\dfrac{y}{x^2+y^2}$	$\dfrac{\Gamma}{2\pi}\dfrac{x}{x^2+y^2}$		$-\dfrac{M}{2\pi}\dfrac{2xy}{(x^2+y^2)^2}$
$v(r,\varphi)$	$\dfrac{E}{2\pi}\dfrac{\sin\varphi}{r}$	$\dfrac{\Gamma}{2\pi}\dfrac{\cos\varphi}{r}$		$-\dfrac{M}{2\pi}\dfrac{\sin 2\varphi}{r^2}$
$c_r(x,y)$	$\dfrac{E}{2\pi}\dfrac{1}{\sqrt{x^2+y^2}}$	0		$-\dfrac{M}{2\pi}\dfrac{x}{(x^2+y^2)^{3/2}}$
$c_r(r,\varphi)$	$\dfrac{E}{2\pi}\dfrac{1}{r}$	0		$-\dfrac{M}{2\pi}\dfrac{\cos\varphi}{r^2}$
$c_\varphi(x,y)$	0	$\dfrac{\Gamma}{2\pi}\dfrac{1}{\sqrt{x^2+y^2}}$		$-\dfrac{M}{2\pi}\dfrac{y}{(x^2+y^2)^{3/2}}$
$c_\varphi(r,\varphi)$	0	$\dfrac{\Gamma}{2\pi}\dfrac{1}{r}$		$-\dfrac{M}{2\pi}\dfrac{\sin\varphi}{r^2}$

3. Überlagerungsprinzip (Singularitätenverfahren)

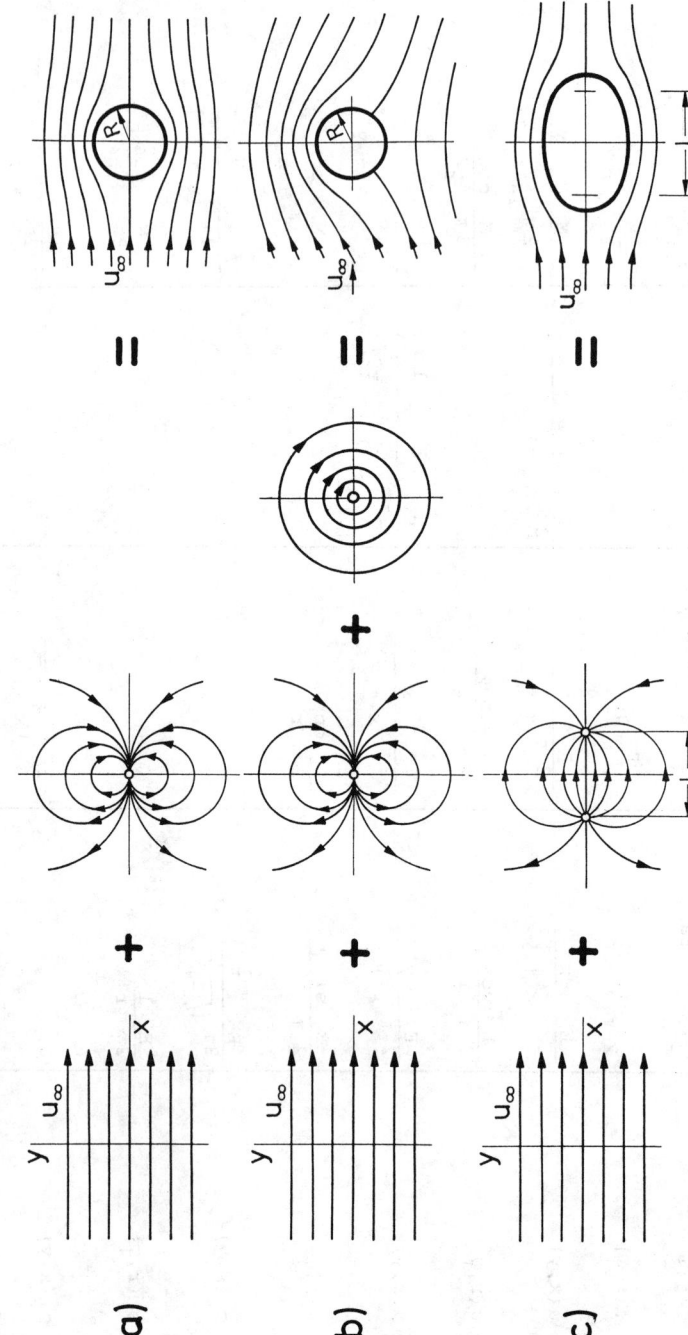

Bild 3.1 Ueberlagerungsprinzip   Ebene inkompressible Potentialströmung um zylindrische Körper

a) Parallelströmung + Dipolströmung = Kreiszylinderströmung
b) Parallelströmung + Dipolströmung + Potentialwirbel = Kreiszylinderströmung mit Auftrieb
c) Parallelströmung + Quell-Senken-Strömung = Strömung um ovaler Körper

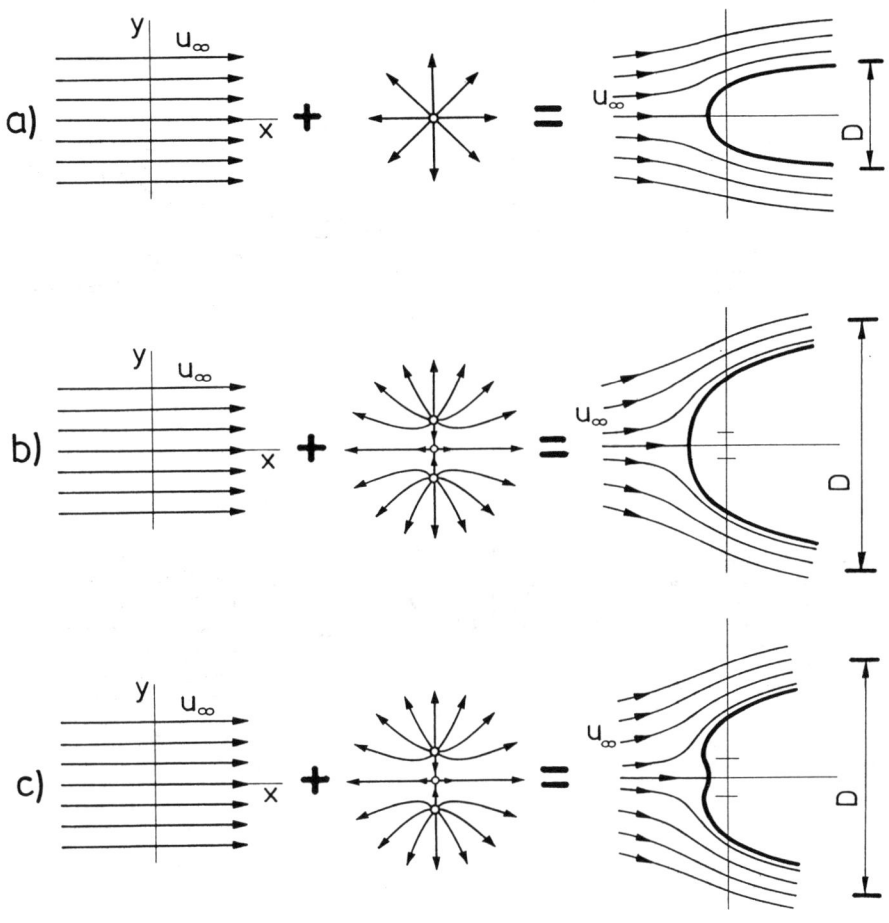

Bild 3.2 <u>Ueberlagerungsprinzip</u>. Ebene inkompressible Potentialströmung um zylindrische Körper

Umströmungstyp:

a) Parallelströmung + Quellströmung = Halbkörper
b) Parallelströmung + Quellpaar = Halbkörper mit Abplattung
c) Parallelströmung + Quellpaar $(u_{\infty_c} > u_{\infty_b})$ = Halbkörper mit Einbeulung

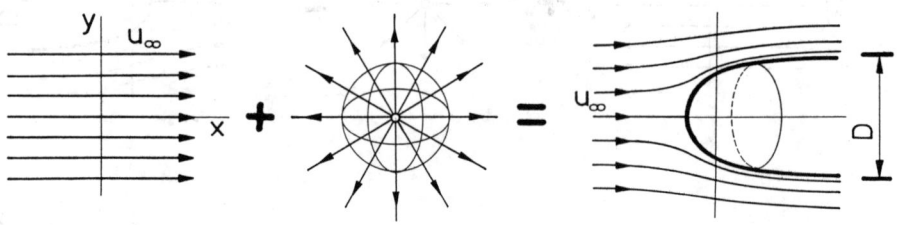

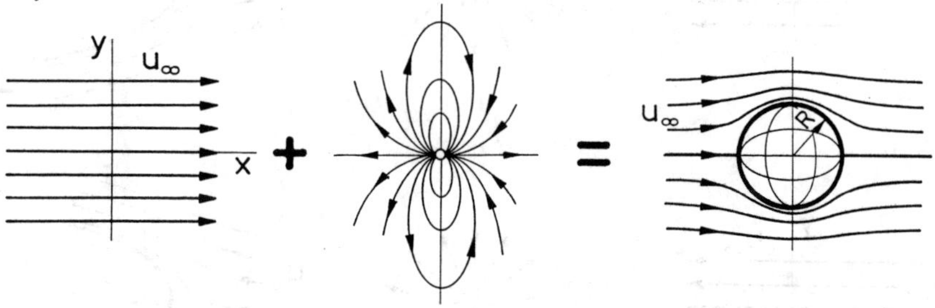

Bild 3.3 Ueberlagerungsprinzip
        Räumliche inkompressible Potentialströmungen
        Zwei Beispiele für die rotationssymmetrische (drehsymmetrische) Umströmung
a) Parallelströmung + räumliche Quelle = Rotationssssymmetrischer Halbkörper
b) Parallelströmung + räumlicher Dipol = Kugelumströmung

Tabelle 1.3 **Strömungsgrössen** der ebenen inkompressiblen Strömung um zylindrische Körper

a)

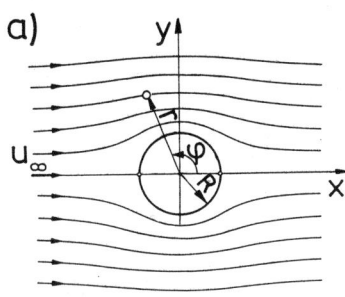

$\Phi(x,y) = u_\infty x (1 + \frac{R^2}{x^2 + y^2}) = u_\infty x + \frac{M}{2\pi} \frac{x}{x^2 + y^2}$

Dipolmoment $M = 2\pi u_\infty R^2$

$\Phi(r,\varphi) = u_\infty r \cos\varphi (1 + \frac{R^2}{r^2})$

$\Psi(x,y) = u_\infty (1 - \frac{R^2}{r^2}) y$

$\Psi(r,\varphi) = u_\infty (1 - \frac{R^2}{r^2}) \sin\varphi$

Kreiszylinderumströmung
Parallelströmung + Dipolströmung

$c = u_\infty \sqrt{1 - 2\frac{R^2}{r^2}\cos 2\varphi + \frac{R^4}{r^4}}$

$c_r = u_\infty (1 - \frac{R^2}{r^2})\cos\varphi \; ; \; c_\varphi = u_\infty (1 + \frac{R^2}{r^2})\sin\varphi$

Kontur: $c = c_k = 2u_\infty |\sin\varphi|$

$F(z) = u_\infty z + \frac{M}{2\pi}\frac{1}{z} = u_\infty (z + \frac{R^2}{z})$

Stromlinie: $\Psi = $konst. $= (\frac{r}{R} - \frac{R}{r})\sin\varphi$

$= u_\infty x + \frac{M}{2\pi}\frac{x}{x^2 + y^2} + i(u_\infty y - \frac{M\,Y}{2\pi(x^2 + y^2)})$

b)

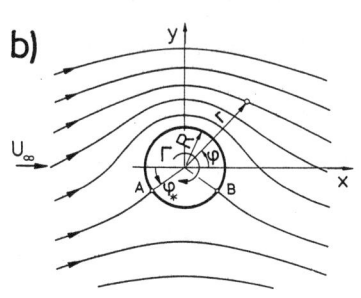

$\Phi(x,y) = u_\infty x (1 + \frac{R^2}{x^2 + y^2}) - \frac{\Gamma}{2\pi}\arctan\frac{y}{x}$

$\Phi(r,\varphi) = u_\infty r\cos\varphi (1 + \frac{R^2}{r^2}) - \frac{\Gamma}{2\pi}\varphi$

$\Psi(x,y) = u_\infty y (1 - \frac{R^2}{x^2 + y^2}) + \frac{\Gamma}{2\pi}\ln\sqrt{x^2 + y^2}$

$\Psi(r,\varphi) = u_\infty r\sin\varphi (1 - \frac{R^2}{r^2}) - \frac{\Gamma}{2\pi}\ln r$

Zirkulatorische Kreiszylinderumströmung
Parallelströmung + Dipol + Wirbel

$F(z) = u_\infty (z + \frac{R^2}{z}) + i\frac{\Gamma}{2\pi}\ln z$

Kontur: $c_k = 2u_\infty \sin\varphi + \frac{\Gamma}{2\pi R}$

Konjugiert komplexe Geschwindigkeit

$\overline{w}(z) = F'(z) = u_\infty (1 - \frac{R^2}{z^2}) + i\frac{\Gamma}{2\pi z}$

Stromlinie: $\Psi = (\frac{r}{R} - \frac{R}{r})\sin\varphi + \ln\frac{r}{R} = $ konst.

Staupunkt: $\sin\varphi_* = -\frac{\Gamma}{4\pi u_\infty R}$

Strömungsgrössen der ebenen inkompressiblen Strömung um zylindrische Körper

c)

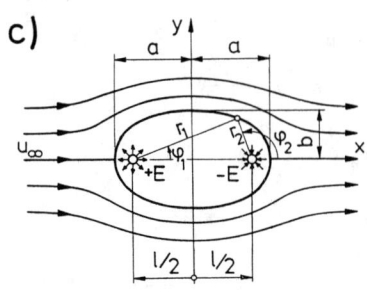

Ebener ovaler Körper
Parallelströmung + Quell-Senken-Paar

$$\Phi(x,y) = u_\infty x + \frac{E}{2\pi} \ln \frac{r_1}{r_2}$$

$$\Psi = u_\infty y + \frac{E}{2\pi}(\varphi_1 - \varphi_2)$$

$$F(z) = u_\infty z + \frac{E}{2\pi} \ln \frac{z + \ell/2}{z - \ell/2} =$$

$$u_\infty x + \frac{E}{2\pi\ell} \ln \frac{r_1}{r_2} + i\left[u_\infty y + \frac{E}{2\pi\ell}(\varphi_1 - \varphi_2)\right]$$

Stromlinie: $\dfrac{\Psi}{u_\infty} = y + \dfrac{E}{2\pi\ell u_\infty}(\varphi_1 - \varphi_2) = $ konst.

Kontur: $x^2 + y^2 + (\dfrac{\ell}{2})^2 = y\ell \cot(\dfrac{2\pi u_\infty}{E} y \cdot 57,3)$

Halbachse b aus $b^2 - (\dfrac{\ell}{2})^2 = -\ell\, b\cot(\dfrac{2\pi u_\infty}{E} b)$

Halbachse a aus $a^2 - \ell^2 = \dfrac{E\ell}{\pi \cdot u_\infty}$

d)

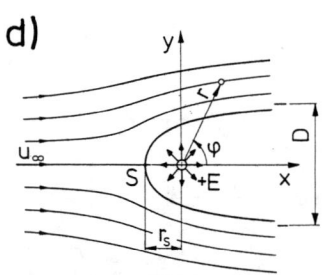

Halbkörper
Parallelströmung + Quelle

$$\Phi(x,y) = u_\infty x + \frac{E}{2\pi} \ln r$$

$$\Psi(x,y) = u_\infty y + \frac{E}{2\pi}\varphi \; ; \; \varphi = \arctan \frac{y}{x}$$

$$u = u_\infty + \frac{E}{2\pi} \frac{x}{r^2}$$

$$v = \frac{E}{2\pi} \frac{y}{r^2}$$

$$c = \sqrt{u^2 + v^2} = \sqrt{(u_\infty + c_r\cos\varphi)^2 + (c_r\sin\varphi)^2}$$

Kontur: $c_k = u_\infty \sqrt{1 + \dfrac{\sin 2\varphi}{\pi - \varphi} + \dfrac{\sin^2\varphi}{(\pi-\varphi)^2}}$

Staupunkt: $r_s = \dfrac{E}{2\pi u_\infty}$; Dicke $D = \dfrac{E}{u_\infty} = 2\pi r_s$

$F(z) = u_\infty(z + \dfrac{E}{2\pi u_\infty}\ln z) =$

$= u_\infty(x + \dfrac{E}{2\pi u_\infty}\ln r) + iu_\infty(y + \dfrac{E}{2\pi u_\infty}\varphi)$

Kontur: $\Psi = 0$, $y = \dfrac{E\,\varphi'}{2\,u_\infty\pi}$; $\varphi' = \pi - \varphi$

$\dfrac{2y u_\infty}{E} + \dfrac{1}{\pi}\arctan\dfrac{y}{x} = 1$

Dicke: $D = E/u_\infty$

Stromlinie: $\dfrac{\Psi}{u_\infty D/2} = \dfrac{2y}{D} + \dfrac{\varphi}{\pi} = $ konst.

Strömungsgrössen der ebenen inkompressiblen Strömung um zylindrische Körper

e)

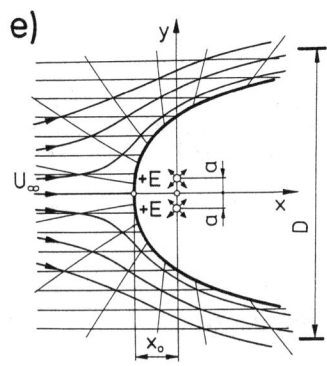

Halbkörper mit Abplattung
Parallelströmung + Quell-Paar
senkrecht zur Parallelströmung
$u_\infty < E/(2\pi a)$

$$\Phi(x,y) = u_\infty x + \frac{E}{2\pi} \ln \sqrt{(x^2+a^2-y^2)^2 + 4x^2y^2}$$

$$\Psi(x,y) = u_\infty y + \frac{E}{2\pi} \arctan \frac{2xy}{x^2-y^2+a^2}$$

$$F(z) = u_\infty z + \frac{E}{2\pi} \ln(z^2 + a^2)$$

Grösste Dicke: $\quad D = \dfrac{2E}{u_\infty}$

Kontur: $\quad \Psi = 0 = \dfrac{2xy}{x^2+a^2-y^2} + \tan\dfrac{y}{x}$

Staupunkt: x_o aus $\quad u_\infty + \dfrac{E}{\pi} \dfrac{x_o}{a^2 + x_o^2} = 0$

$y_o = 0$

f)

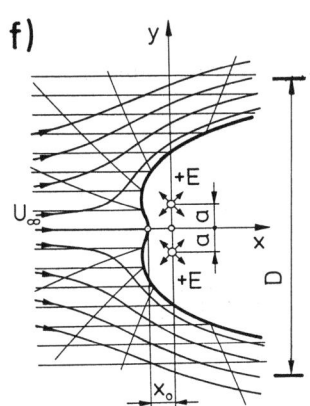

Halbkörper mit Einbeulung
Parallelströmung + Quell-Paar
senkrecht zur Parallelströmung
$u_\infty = E/(2\pi a)$

$$\Phi(x,y) = \frac{E}{2\pi}\left[\frac{x}{a} + \ln\sqrt{(x^2+a^2-y^2)^2 + 4x^2y^2}\right]$$

$$\Psi(x,y) = \frac{E}{2\pi}\left[\frac{y}{a} + \arctan\frac{2xy}{x^2+a^2-y^2}\right]$$

$$F(z) = \frac{E}{2\pi}\left[\frac{z}{a} + \ln(z^2 + a^2)\right]$$

Grösste Dicke: $\quad D = \dfrac{2E}{u_\infty}$

Kontur: $\quad \Psi = 0 = \dfrac{2xy}{x^2+a^2-y^2} + \tan\dfrac{y}{a}$

Staupunkt: $x_o = -a \;;\; y_o = 0$

4. Aufgaben zur ebenen inkompressiblen Potentialströmung

Vorbemerkung

Die in den vorangehenden Tabellen 1.2 und 1.3 mitgeteilten Formeln basieren weitgehend auf den in der Tabelle 1.1 zusammengefassten Grundgesetzen der ebenen inkompressiblen reibungsfreien Strömung.
Damit bietet der Nachweis dieses Formelmaterials an sich schon reichlich Uebungsstoff.

4.1 Grundlegende Beziehungen an Potentialströmungen

Aufgabe 1

Von einer inkompressiblen Strömung sind die Geschwindigkeitskomponenten

$$u = \frac{x}{x^2 + y^2} \quad \text{und}$$

$$v = \frac{y}{x^2 + y^2} \quad \text{gegeben.}$$

Man untersuche, ob es sich um eine Potentialströmung handelt.

Lösung:

Kontinuität: $\quad \text{div } \vec{c} = \frac{\partial u}{\partial x} + \frac{\partial v}{\partial y} = 0$

$$\frac{(x^2 + y^2) - 2x^2}{(x^2 + y^2)^2} + \frac{(x^2 + y^2) - 2y^2}{(x^2 + y^2)^2} = \frac{2(x^2 + y^2) - 2(x^2 + y^2)}{(x^2 + y^2)^2} = 0$$

Somit $\underline{\text{div } \vec{c} = 0}$

Drehfreiheit: $\quad \text{rot } \vec{c} = \frac{\partial v}{\partial x} - \frac{\partial u}{\partial y} = \frac{-2xy}{(x^2 + y^2)^2} - \frac{-2xy}{(x^2 + y^2)^2} = 0$

Hieraus folgt $\quad \underline{\text{rot } \vec{c} = 0}$

Ergebnis: $\quad \underline{\text{div } \vec{c} = 0}$ und $\underline{\text{rot } \vec{c} = 0} \Longrightarrow$ Potentialströmung

Aufgabe 2

$u = x^2 - y^2$ und $v = -2xy$ sind die Geschwindigkeitskomponenten einer inkompressiblen Strömung.
a) Weise nach, dass es sich um eine Potentialströmung handelt.
b) Wie lautet die Strom-und Potentialfunktion Ψ bzw. Φ ?
c) Man bestimme und entwerfe im Bereiche $-8 \leq x \leq 6$ und $2 < y \leq 10$ einige orthogonale Kurven der sich senkrecht schneidenden Strom- und Potentiallinien.

Lösung:

a)
Kontinuität: $\quad \text{div } \vec{c} = \dfrac{\partial u}{\partial x} + \dfrac{\partial v}{\partial y} = 2x - 2x = 0$

Drehfreiheit: $\quad \text{rot } \vec{c} = \dfrac{\partial v}{\partial x} - \dfrac{\partial u}{\partial y} = -2y-(-2y) = 0$

$\underline{\text{div } \vec{c} = 0}$ und $\underline{\text{rot } \vec{c} = 0}$ $\implies$ Potentialströmung

b)
<u>Stromfunktion</u> aus $\dfrac{\partial \Phi}{\partial x} = u = x^2 - y^2 = \dfrac{\partial \Psi}{\partial y}$ (1)

Aus (1) $\quad \Psi = x^2 y - \dfrac{y^3}{3} + f(x) = \int (x^2 - y^2) dy + f(x)$ (2)

(2) ergibt $\dfrac{\partial \Psi}{\partial x} = -v = 2xy = 2xy + f'(x)$ (3)

Damit $\quad f'(x) = 0 \implies f(x) = C$ (C ist beliebige reelle Konstante) (4)

(4) in (2): $\quad$ Stromfunktion $\underline{\Psi = x^2 y - \dfrac{y^3}{3} + C}$ (5)

<u>Potentialfunktion</u> aus (1) $\quad \Phi = \int (x^2 - y^2) dx + f(y)$ (6)

Es kommt $\quad \Phi = \dfrac{x^3}{3} - xy^2 + f(y)$ (7)

Mit (7) wird $\quad v = \dfrac{\partial \Phi}{\partial y} = -2xy + f'(y) = -2xy$ (8)

Aus (8) folgt $\quad f'(y) = 0 \implies f(y) = C$ (9)

Mit (9) in (7) liefert dies die

Potentialfunktion $\underline{\Phi = \dfrac{x^3}{3} - xy^2 + C}$ (10)

c)

Bild 4.1 illustriert im erwähnten x,y-Bereich das Netz der Strom- und Aequipotentiallinien (orthogonales Kurvennetz, Potentialnetz, Orthogonaltrajektoriennetz).

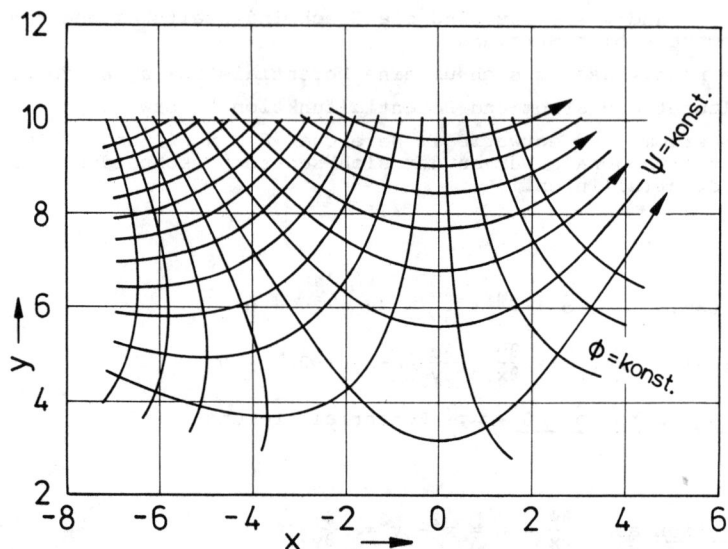

Bild 4.1 Potentialnetz(Strom- und Aequipotentiallinien) der

Potentialfunktion $\Phi = \dfrac{x^3}{3} - xy^2$ und der

Stromfunktion $\Psi = x^3 y - \dfrac{y^3}{3}$

Aufgabe 3

Eine inkompressible Strömung wird durch die Geschwindigkeitskomponenten

$u = 4 + 2x$ und
$v = -6 - 2y$ beschrieben.

a) Man bestimme die Strom-und Potentialfunktion.
b) Erfüllen die in a) berechneten Funktionen die Bedingungen einer Potentialströmung?
c) Um welche bekannte Strömung handelt es sich, wenn eine Potentialströmung vorliegt?

Lösung:

a) Stromfunktion $\Psi(x,y)$ und Potentialfunktion $\Phi(x,y)$

Mit $\dfrac{\partial \Psi}{\partial y} = u = \dfrac{\partial \Phi}{\partial x} = 4+2x$ kommt

$$\Psi = \int (4 + 2x)\,dy + f(x) = 4y + 2xy + f(x)$$

und $\dfrac{\partial \Psi}{\partial x} = 2y + f'(x) = -v = 6 + 2y,$ woraus

$$f(x) = \int 6\,dx + C = 6x + C, \qquad \text{und damit lautet die}$$

Stromfunktion $\Psi = 4y + 2xy + 6x + C = \underline{6x + 2xy + 4y + C}$ \hfill (1)

Für die Potentialfunktion finden wir aus

$$\dfrac{\partial \Phi}{\partial x} = u = 4 + 2x$$

$$\Phi = \int (4 + 2x)\,dx + f(y) = 4x + x^2 + f(y). \text{ Ferner ist}$$

$$\dfrac{\partial \Phi}{\partial y} = v = -6 - 2y = f'(y), \text{ womit}$$

$$f(y) = -\int (6 + 2y)\,dy + C = -6y - y^2 + C, \text{ was schliesslich}$$

auf die

Potentialfunktion $\underline{\Phi = x^2 + 4x - y^2 - 6y + C}$ \hfill (2)

führt.

b) Kontinuitätsbedingung div $\vec{c} = 0$

$$\dfrac{\partial u}{\partial x} + \dfrac{\partial v}{\partial y} = 0 = 2 - 2 \qquad \text{ist \underline{erfüllt}.}$$

Drehfreiheit rot $\vec{c} = 0$

$$\dfrac{\partial v}{\partial x} - \dfrac{\partial u}{\partial y} = 0 = 0 - 0 \qquad \text{ist ebenfalls \underline{erfüllt}.}$$

c) Stromlinien $\Psi = $ konst. ausgewertet weisen auf eine Staupunktströmung hin.
Durch Parallelverschiebung des Koordinatensystems in x- und y-Richtung lässt sich dies zeigen.
Mit neuen Koordinaten x' und y' und dem Zusammenhang

$$x = x' - 2 \quad \text{und} \quad y = y' - 3 \quad \text{in (1)}$$

eingesetzt kommt

$\Psi = 6(x'-2)+2(x'-2)(y'-3)+4(y'-3)$ oder

$$\underline{\Psi = 2x'y' - 12} \tag{3}$$

(3) ist die Stromfunktion einer Staupunktströmung, wie aus Tabelle 1.2 durch Setzung von $\vartheta=\pi/2$ und $n = \pi/\vartheta$ in

$\Psi(x,y) = C(x^2+ y^2)^{n/2} \sin n\varphi = 2Cxy$ hervorgeht (Aufgabe 3e in 4.2).

Aufgabe 4

Eine Strömung hat die Stromfunktion $\Psi = 3x - 2y$

a) Wie lauten die Geschwindigkeitskomponenten?
b) Man berechne die Potentialfunktion
c) Man weise nach, dass es sich um eine Potentialströmung handelt

Lösung:

a) $\frac{\partial \Psi}{\partial x} = -v = 3$ $\underline{v = -3}$

   $\frac{\partial \Psi}{\partial y} = u = -2$ $\underline{u = -2}$

b) $\frac{\partial \Psi}{\partial y} = u = -2 = \frac{\partial \Phi}{\partial x}$

   $\Phi(x,y) = -2x + f(y)$

   $\frac{\partial \Phi}{\partial y} = v = -3 = f'(y)$

   $f'(y) = -3$ $f(y) = -3y + C$

   $\underline{\Phi = -2x - 3y + C}$

c) $\text{div } \vec{c} = \frac{\partial u}{\partial x} + \frac{\partial v}{\partial y} = 0 + 0 = 0$

   $\text{rot } \vec{c} = \frac{\partial v}{\partial x} - \frac{\partial u}{\partial y} = 0 + 0 = 0$

   Ebenso $\Delta\Psi = 0$
   und $\Delta\Phi = 0$ $\quad\underline{\text{Laplace-Gleichung erfüllt}}$

   Somit liegt eine Potentialströmung vor.

Aufgabe 5

Eine ebene Strömung wird durch die Stromfunktion

$$\Psi = 2xy + x^2y - 2y^2 \qquad \text{beschrieben.}$$

a) Wie lauten die Geschwindigkeitskomponenten u und v ?
b) Handelt es sich bei dieser Strömung um eine Potentialströmung ?
c) Weise den in b) gefundenen Befund anhand des Verlaufes der Strom- und Potentiallinien nach.

Lösung:

a) $u = \dfrac{\partial \Psi}{\partial y} = \underline{x^2 + 2x - 4y}$

$v = -\dfrac{\partial \Psi}{\partial x} = \underline{-2xy - 2y}$

$\Bigg\}$ Geschwindigkeitskomponeneten von $\vec{c}$

b) <u>Kontinuitätsbedingung</u>: $\operatorname{div} \vec{c} = 0 = \dfrac{\partial u}{\partial x} + \dfrac{\partial v}{\partial y}$

$= 2x + 2 - 2x - 2 = 0 \quad \underline{\text{erfüllt.}}$

<u>Drehfreiheit</u>: $\operatorname{rot} \vec{c} = 0 = \dfrac{\partial v}{\partial x} - \dfrac{\partial u}{\partial y} = -2y - 4 \neq 0$

Die Drehfreiheit ist <u>nicht</u> erfüllt.

<u>Laplace-Gleichung</u>: $\dfrac{\partial^2 \Psi}{\partial x^2} + \dfrac{\partial^2 \Psi}{\partial y^2} = 0$ ergibt mit vorliegenden Werten $2y - 4 \neq 0$

und ist damit <u>nicht erfüllt</u>.

Ergebnis: Die <u>vorliegende Strömung</u> ist keine <u>Potentialströmung</u>.

c) Die grafische Darstellung der Stromfunktion $\Psi(x,y)$ liefert Bild 4.2.
Wählt man untereinander gleiche Potentialunterschiede $\Delta\Phi$ zwischen aufeinanderfolgenden Potentiallinien und ebenso untereinander gleiche $\Delta\Psi$- Unterschiede bei den Stromlinien, so ist bei einer Potentialströmung im gesamten Strömungsfeld

$$\frac{\Delta\Phi}{\Delta\Psi} = \frac{\Delta s}{\Delta n} = \text{konstant.}$$

Das heisst, das Strömungsfeld wird in krummlinige, einander ähnliche "Rechtecke" zerlegt.

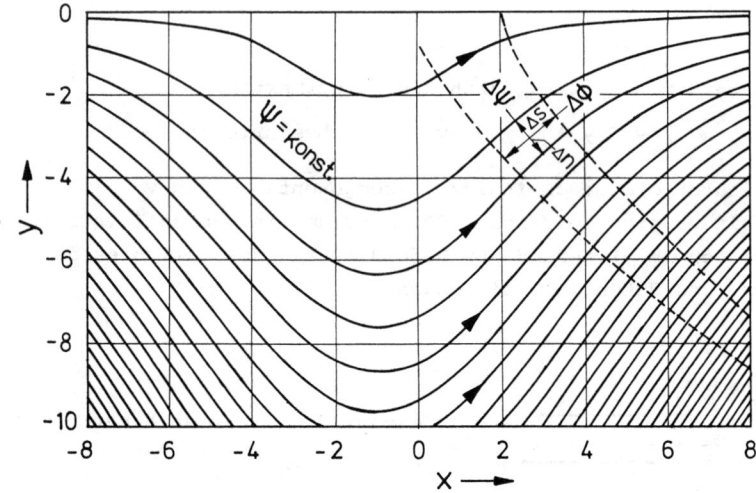

Bild 4.2 $\frac{\Delta\Phi}{\Delta\Psi} \neq \frac{\Delta s}{\Delta n}$ Die Stromfunktion $\Psi = 2xy + x^2y - 2y^2$
erfüllt die Bedingung der Drehungsfreiheit rot $\vec{c} = 0$
nicht und genügt damit auch nicht der Laplace-Gleichung

Das vorliegende Stromfeld (Bild 4.2) erfüllt diese Bedingung nicht, wie die Geometrie der zwischen zwei Φ = konst.-Linien (gestrichelt dargestellt) liegenden "Rechtecke" zeigt.

Bemerkung: Wählt man im Stromfeld einer Potentialströmung dieselben Differenzen $\Delta\Phi = \Delta\Psi$ = konst., so ergibt sich ein "quadratisches" Netz (Bilder 4.1, 4.3).

Aufgabe 6

Die Geschwindigkeitskomponenten einer ebenen inkompressiblen Strömung lauten

$$u = 3x^2y - y^3$$
$$v = x^3 - 3xy^2$$

a) Man bestimme die Stromfunktion Ψ und die Potentialfunktion Φ.
b) Stelle im ersten Quadranten im Bereiche $0 \leq x \leq 8$ einige Strom- und Potentiallinien dar.

Lösung:

a) Es gilt $\dfrac{\partial \Phi}{\partial x} = u = 3x^2y - y^3 = \dfrac{\partial \Psi}{\partial y}$ (1)

Aus (1) $\Psi(x,y) = \int (3x^2y - y^3)\,dy + f(x) = \dfrac{3}{2}x^2y^2 - \dfrac{y^4}{4} + f(x)$ (2)

Aus (2) $\dfrac{\partial \Psi}{\partial x} = -v = 3xy^2 + f'(x) = -x^3 + 3xy^2$ (3)

Aus (3) $f'(x) = -x^3$ (4)

Aus (4) $f(x) = -\int x^3\,dx + C = -\dfrac{x^4}{4} + C$ (5)

Schliesslich (5) in (6): Man erhält für die

Stromfunktion $\quad \Psi = \dfrac{3}{2}x^2y^2 - \dfrac{1}{4}(x^4 + y^4) + C$ (6)

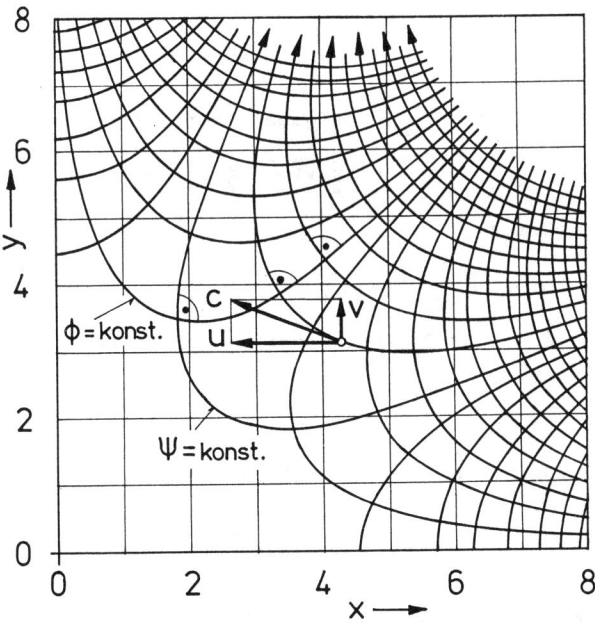

Bild 4.3 Stromfunktion $\Psi = \dfrac{3}{2}x^2y^2 - \dfrac{1}{4}(x^4 + y^4)$ und Potentialfunktion $\Phi = x^3y + xy^3$ bilden ein Orthogonaltrajektoriennetz

Weiterhin liefert

(1) $\quad \Phi(x,y) = \int (3x^2y - y^3)dx + f(y) = x^3y - xy^3 + f(y)$ (7)

und mit (7) kommt

$$\frac{\partial \Phi}{\partial y} = v = x^3 - 3xy^2 + f'(y) = x^3 - 3xy^2 \qquad (8)$$

Damit wird $f'(y) = 0$, somit $f(y) = C$ (9)

(9) in (7) ergibt die

Potentialfunktion $\quad \underline{\Phi = x^3y + xy^3 + C}$ (10)

b) Die Linien Ψ = konst. und Φ = konst. bilden ein Orthogonaltrajektoriennetz (Bild 4.3).

Aufgabe 7

Es ist zu prüfen, ob die in Aufgabe 6 berechnete

Stromfunktion $\quad \Psi = \frac{3}{2}x^2y^2 - \frac{1}{4}(x^4 + y^4)$

und die zugehörige

Potentialfunktion $\quad \Phi = x^3y - xy^3$

die Bedingungen einer Potentialströmung erfüllen.

Lösung:

Bedingungen für die Potentialfunktion:

a) LAPLACE-Gleichung $\quad \Delta\Phi = \dfrac{\partial^2\Phi}{\partial x^2} + \dfrac{\partial^2\Phi}{\partial y^2} = 0$

Die Differentiation der Potentialfunktion ergibt

$\left.\begin{array}{ll} \dfrac{\partial \Phi}{\partial x} = 3x^2y - y^3 & \dfrac{\partial^2\Phi}{\partial x^2} = 6xy \\[2mm] \dfrac{\partial \Phi}{\partial y} = x^3 - 3xy^2 & \dfrac{\partial^2\Phi}{\partial y^2} = -6xy \end{array}\right\} \Rightarrow \underline{\dfrac{\partial^2\Phi}{\partial x^2} + \dfrac{\partial^2\Phi}{\partial y^2} = 0}$

Bedingungen für die Stromfunktion:

LAPLACE-Gleichung $\quad \Delta\Psi = \dfrac{\partial^2\Psi}{\partial x^2} + \dfrac{\partial^2\Psi}{\partial y^2} = 0$

Die Differentiation der Stromfunktion liefert

$\dfrac{\partial\Psi}{\partial x} = 3xy^2 - x^3 \qquad \dfrac{\partial^2\Psi}{\partial x^2} = 3y^2 - 3x^2$

$\dfrac{\partial\Psi}{\partial y} = 3x^2y - y^3 \qquad \dfrac{\partial^2\Psi}{\partial y^2} = 3x^2 - 3y^2$

$\Longrightarrow \quad \underline{\dfrac{\partial^2\Phi}{\partial x^2} + \dfrac{\partial^2\Phi}{\partial y^2} = 0}$

b) Kontinuität $\quad \text{div } \vec{c} = 0 = \dfrac{\partial u}{\partial x} + \dfrac{\partial v}{\partial y}$

Mit $u = 3x^2y - y^3$ und $v = x^3 - 3xy^2$ kommt

$6xy - 6xy = 0 \qquad \underline{\text{div } \vec{c} = 0}$

c) Drehfreiheit $\text{rot } \vec{c} = 0 = \dfrac{\partial v}{\partial x} - \dfrac{\partial u}{\partial y} = 3x^2 - 3y^2 - 3x^2 + 3y^2 = 0$

$\underline{\text{rot } \vec{c} = 0}$

Die genannten Funktionen Ψ und Φ erfüllen die Bedingungen einer Potentialströmung.

4.2 Elementare Potentialströmungen

Aufgabe 1 Winkelraum-, Staupunkt- und Eckströmung

Die komplexe Strömungsfunktion $F(z)$ einer ebenen inkompressiblen Strömung im Winkelraum (Bild 4.4) lautet $F(z) = Cz^n$. Darin ist C reell, $n > 0$ (Tabelle 1.2).

a) Man bestimme die Strom - und Potentialfunktion
b) Wie lautet die (konjugiert) komplexe Geschwindigkeit $\bar{w}(z)$?
c) Welchen Wert hat der Betrag $|\vec{c}|$ der Strömungsgeschwindigkeit $\vec{c}$?
Wie gross ist $|\vec{c}|$ der Eckenströmung mit $\vartheta = \pi/2 = 90°$?

Lösung:

a) $F(z) = C z^n = C(x + iy)^n = C r^n (\cos n\varphi + i \sin n\varphi)$

$$= \underbrace{C r^n \cos n\varphi}_{\Phi} + i \underbrace{C r^n \sin n\varphi}_{\Psi} \qquad (1)$$

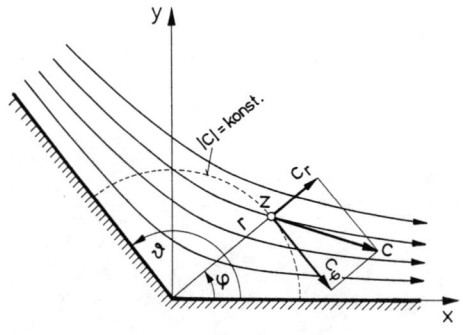

Bild 4.4
Strömung in konkaver Ecke
Komplexe Strömungsfunktion $F(z) = C z^n$

Aus (1) ist ersichtlich

Stromfunktion $\quad \underline{\Psi = C r^n \sin n\varphi} \qquad (2)$
Potentialfunktion $\underline{\Phi = C r^n \cos n\varphi} \qquad (3)$

b) Nach Tabelle 1.1 ist

$$\overline{w}(z) = \frac{dF(z)}{dz} = C\,n\,z^{n-1} = C\,n\,r^{n-1}\underbrace{(\cos n\varphi - i \sin n\varphi)}_{e^{in\varphi}}e^{-i\varphi}$$

$$\overline{w}(z) = C\,n\,r^{n-1}e^{in\varphi - i\varphi} = \underline{C\,n\,r^{n-1}e^{i\varphi(n-1)}} \tag{4}$$

c) Aus Tabelle 1.1 folgt

$$c_r = \frac{\partial \Phi}{\partial r} = C\,n\,r^{n-1}\cos n\varphi$$

$$c_\varphi = -\frac{\partial \Psi}{\partial r} = -C\,n\,r^{n-1}\sin n\varphi \quad . \text{ Damit wird } \vec{c} \text{ betragsmässig}$$

$$|c| = \sqrt{c_r^2 + c_\varphi^2} = \sqrt{C^2 n^2 r^{2(n-1)}\underbrace{(\cos^2 n\varphi + \sin^2 n\varphi)}_{1}} = \underline{C\,n\,r^{n-1}} \tag{5}$$

Wie (5) zeigt, hat die Strömungsgeschwindigkeit $|c|$ in Punkten mit r = konst. (in Bild 4.4 gestrichelt) denselben Wert. Infolgedessen herrscht dort auch derselbe Druck.
In $r = 0$ ist $|c| = 0$ (Staupunkt).

Bei der $90°$-Eckenströmung mit $\vartheta = \pi/2$ ist n=2. Somit

$$|c| = C\,n\,r^{2-1} = \underline{C\,n\,r}$$

Für r = konst. ist $|c|$ = konst. Und $|c|$ ändert linear mit r.

Aufgabe 2 Winkelraum-, Staupunkt- und Eckströmung

In Bild 4.5 a) bis i) sind eine Reihe ebener Winkelräume und Ecken skizziert.

a) Gesucht sind die Werte n, $|c|$ und $|c|(r=0)$ und das zugehörige Stromlinienbild (qualitativer Entwurf).

b) Man berechne und entwerfe das exakte Stromlinienbild der Eckenströmung h) für die Ψ-Werte 0,5, 1, 1,5, 2 und 2,5.

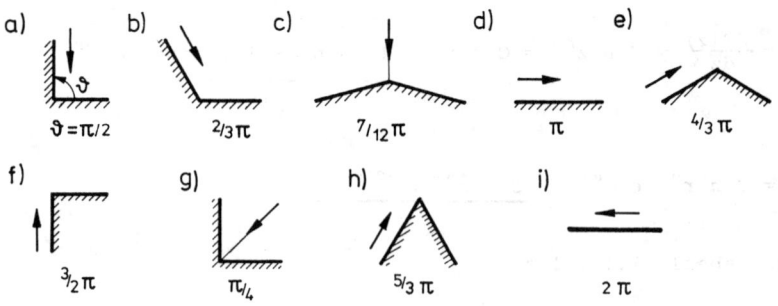

Bild 4.5   Winkelraum-, Staupunkt- und Eckenströmungen

Lösung:

a) Mit Tabelle 1.2 und den Ergebnissen von Aufgabe 1 dieses Kapitels ergeben sich folgende Werte:

	a)	b)	c)	d)	e)	f)	g)	h)	i)
ϑ	$\dfrac{\pi}{2}$	$\dfrac{2}{3}\pi$	$\dfrac{7}{12}\pi$	π	$\dfrac{4}{3}\pi$	$\dfrac{3}{2}\pi$	$\dfrac{\pi}{4}$	$\dfrac{5}{3}\pi$	2π
ϑ°	$90°$	$120°$	$105°$	$180°$	$240°$	$270°$	$45°$	$300°$	$360°$
n	2	$\dfrac{3}{2}$	$\dfrac{12}{7}$	1	$\dfrac{3}{4}$	$\dfrac{2}{3}$	4	$\dfrac{3}{5}$	$\dfrac{1}{2}$
$\|c\|$	$2Cr$	$\dfrac{3}{2}C\sqrt{r}$	$\dfrac{12}{7}Cr^{5/7}$	C	$\dfrac{3}{4}Cr^{-1/4}$	$\dfrac{2}{3}Cr^{-1/3}$	$4Cr^3$	$\dfrac{5}{3}Cr^{2/3}$	$\dfrac{C}{2\sqrt{r}}$
$\|c\|_{r=0}$	0	0	0	—	∞	∞	0	∞	∞

Bild 4.6a) bis i) illustriert den Strömungsverlauf.

b) $r = \left(\dfrac{\psi}{\sin n\varphi}\right)^{1/n}$ aus Gl.(2) in Aufgabe 1 liefert für konstante φ-Werte Punkte auf Stromlinien ψ = konstant. Das resultierende Stromlinienbild zeigt Bild 4.7.

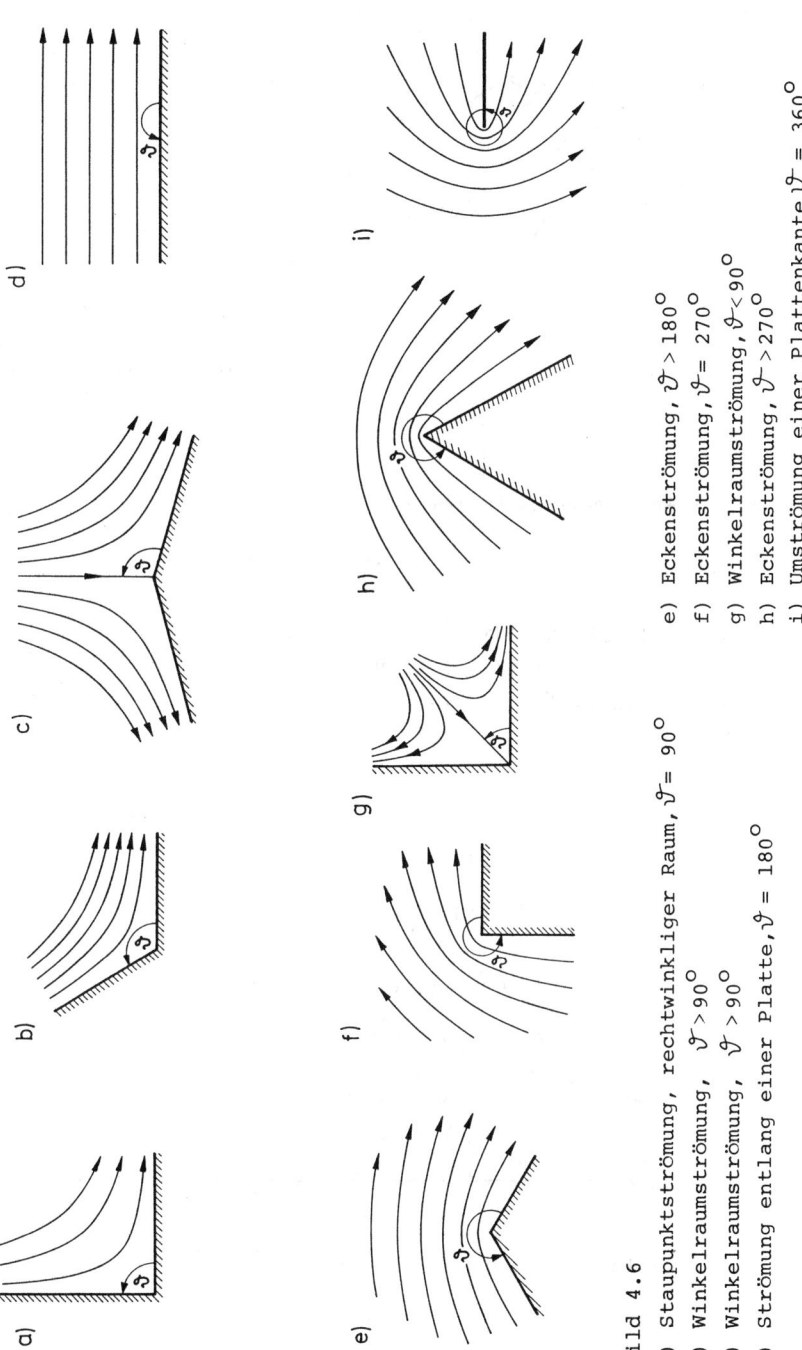

Bild 4.6
a) Staupunktströmung, rechtwinkliger Raum, $\vartheta = 90°$
b) Winkelraumströmung, $\vartheta > 90°$
c) Winkelraumströmung, $\vartheta > 90°$
d) Strömung entlang einer Platte, $\vartheta = 180°$
e) Eckenströmung, $\vartheta > 180°$
f) Eckenströmung, $\vartheta = 270°$
g) Winkelraumströmung, $\vartheta < 90°$
h) Eckenströmung, $\vartheta > 270°$
i) Umströmung einer Plattenkante $\vartheta = 360°$

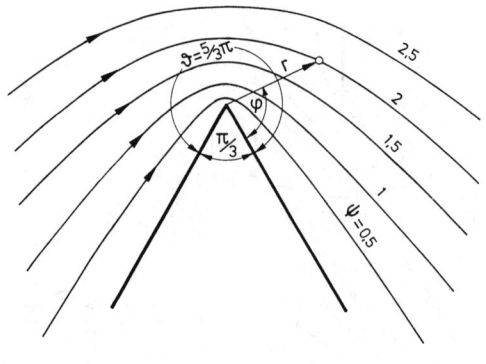

Bild 4.7 Eckenströmung

$$\vartheta = \frac{5}{3}\pi = 300°$$

Stromlinien für Ψ = konst.
= 0,5, 1, 1,5, 2, 2,5

Aufgabe 3 (Bild 4.8) Ebene Staupunktströmung

Wie lauten die Ausdrücke nach Tabelle 1.2 für

a) $F(z)$, b) $F(r,\varphi)$, c) $\Phi(x,y)$ d) $\Phi(r,\varphi)$ e) $\Psi(x,y)$ f) $\Psi(r,\varphi)$
g) $u(x,y)$ h) $u(r,\varphi)$ i) $v(x,y)$ k) $v(r,\varphi)$ ℓ) $c_r(x,y)$
m) $c_r(r,\varphi)$ n) $c_\varphi(x,y)$ o) $c_\varphi(r,\varphi)$?

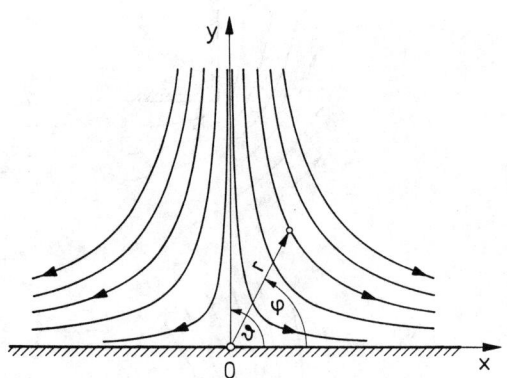

Bild 4.8 Ebene Staupunktströmung

Lösung:

Resultate im Ueberblick:

a) $C z^2$ b) $C r^2 e^{i2\varphi}$ c) $C(x^2 - y^2)$ d) $C r^2 \cos 2\varphi$ e) $2Cxy$

f) $C r^2 \sin 2\varphi$ g) $2Cx$ h) $2C r \cos\varphi$ i) $-2Cy$ k) $-2C r \sin\varphi$

ℓ) $2C \dfrac{x^2 - y^2}{\sqrt{x^2 + y^2}}$ m) $2C r \cos 2\varphi$ n) $-2C r \dfrac{2xy}{\sqrt{x^2 + y^2}}$ o) $-2Cr \sin 2\varphi$

Resultate im Einzelnen. Wegleitend ist Tabelle 1.2
Für die vorliegende Staupunktströmung ist $\vartheta = 90° = \pi/2$, $n = \pi/\vartheta = 2$
Zur Verdeutlichung dient Bild 4.9.

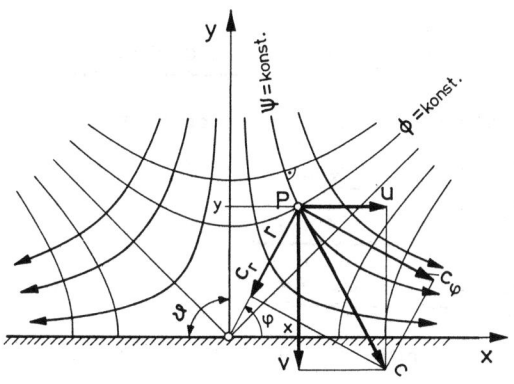

Bild 4.9
Ebene Staupunktströmung
mit Stromlinien Ψ = konst.
und Potentiallinien
Φ = konst.
Strömungsgeschwindigkeiten u, v, c, c_r, c_φ

Nun erhält man

a) $F(z) = C z^n = \underline{C z^2}$ b) $F(r,\varphi) = C r^n e^{in\varphi} = \underline{C r^2 e^{i2\varphi}}$

c) $\Phi(x,y) = C(x^2 + y^2)^{n/2} \cos n\varphi = C(x^2 + y^2)\cos 2\varphi$

  Mit $\cos 2\varphi = \cos^2\varphi - \sin^2\varphi$ und $\cos\varphi = x/r$, $\sin\varphi = y/r$,
  $$r^2 = x^2 + y^2$$
  wird $\cos 2\varphi = \dfrac{x^2 - y^2}{x^2 + y^2}$ und damit

$$\Phi(x,y) = C(x^2+y^2)$$

d) $\Phi(r,\varphi) = C\, r^n \cos n\varphi = \underline{C\, r^2 \cos 2\varphi}$

e) $\Psi(x,y) = C(x^2+y^2)^{n/2} \sin n\varphi$ Mit $\sin 2\varphi = 2\sin\varphi\cos\varphi = 2\dfrac{y}{r}\dfrac{x}{r}$

und $x^2 + y^2 = r^2$

erhält man

$\Psi(x,y) = \underline{2\, Cxy}$

f) $\Psi(r,\varphi) = C\, r^n \sin n\varphi = \underline{C\, r^2 \sin 2\varphi}$

g) $u(x,y) = \dfrac{\partial \Phi}{\partial x} = \underline{2\, Cx}$

h) $u(r,\varphi)$ Beachte darin $x = r\cos\varphi$, damit ist $u(r,\varphi) = \underline{2\, C\, r \cos\varphi}$

i) $v(x,y) = \dfrac{\partial \Phi}{\partial y} = \underline{-\, 2\, Cy}$

k) $v(r,\varphi)$ Mit $y = r\sin\varphi$ wird $v(r,\varphi) = \underline{-\, 2\, C\, r \sin\varphi}$

ℓ) $c_r(x,y) = C\, n(x^2+y^2)^{\frac{n-1}{2}} \cos n\varphi = C\, n(x^2+y^2)^{1/2} \cos 2\varphi =$

$= C\, n\sqrt{x^2+y^2}\,\dfrac{x^2-y^2}{x^2+y^2} = \underline{2\, C\dfrac{x^2-y^2}{\sqrt{x^2+y^2}}}$

m) $c_r(r,\varphi) = C\, n\, r^{n-1} \cos n\varphi = \underline{2\, C\, r \cos 2\varphi}$

n) $c_\varphi(x,y) = -\, C\, n(x^2+y^2)^{\frac{n-1}{2}} \sin n\varphi = -\, 2\, C(x^2+y^2)^{1/2}\, 2\dfrac{xy}{r^2} =$

$= -\, \dfrac{2\, C\, r\, 2xy}{x^2+y^2} = \underline{-\, \dfrac{4\, C\, xy}{x^2+y^2}}$

o) $c_\varphi(r,\varphi) = -\, C\, n\, r^{n-1} \sin n\varphi = \underline{-\, 2\, C\, r \sin 2\varphi}$

Aufgabe 4 (Bild 4.10) Senkenströmung

Eine vertikale Schütztafel, wie sie im Wasserbau bei Schleusen, Wehren, Auslässen und Ueberfällen von Sperren verwendet wird, staut das Wasser vom Boden aus bis zur Höhe r_o. Die Stauwand wird nun um die Höhe $r_a \ll r_o$ gehoben, wobei die abfliessende Strömung im Schütztafelbereich durch den entstehenden schmalen Spalt r_a näherungsweise als Senkenströmung aufgefasst wird (Bild 4.11, Kaufmann W./K.Federhofer).

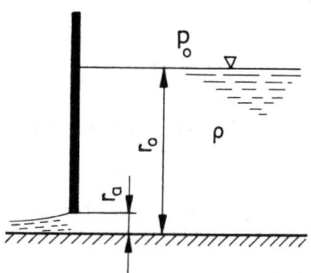

Bild 4.10 Schütztafel

a) Wie lautet der statische Druck $p = p_r$ entlang der Schütztafel?
b) Wie gross ist die auf die Schütztafel wirkende Druckkraft F je Meter Breite?
c) In welchem Verhältnis F/F_s steht die in b) berechnete Kraft F zur statischen Druckkraft F_s (ruhende Belastung der Schütztafel, kein Abfluss)?
d) Man stelle den statischen Ueberdruck p_r längs der Schütztafel in Funktion von r dar für die Werte $r_o = 8$m; $\rho = 10^3$ kg/m³; Oeffnungsverhältnisse r_a/r_o = 0,025, 0,1 und 0,5.
e) Ebenso ist $p_r/p_g = f(r/r_o)$ für die Daten in d) zu skizzieren, wo $p_g = \rho g r_o$ der hydrostatische Druck am Grund ist.

Lösung:

a) Der Spaltstrom wird als Senke betrachtet. In radialer Richtung, also auch entlang der Schütztafel, gilt die für die Senke gültige Geschwindigkeitsentwicklung

$$c_r(r,\varphi) = \frac{E}{2\pi} \frac{1}{r} \qquad (1)$$

Aus (1) resultieren c,r-Zusammenhänge, nämlich

$c_o \sim \dfrac{1}{r_o}$, $c \sim \dfrac{1}{r}$ und im Spalt ist

$c_a \sim \dfrac{1}{r_a}$. Daraus folgt

$$\dfrac{c_o}{c_a} = \dfrac{r_a}{r_o}, \text{ also } c_a = \dfrac{c_o r_o}{r_a} \qquad (2)$$

$$\dfrac{c_o}{c} = \dfrac{r}{r_o}, \text{ somit } c_o = \dfrac{c\, r}{r_o}$$

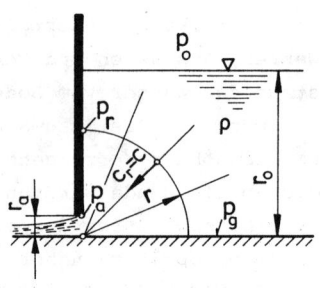

Bernoulli-Gl. vom Oberwasser bis r:

$$\dfrac{p_o}{\rho g} + \dfrac{c_o^2}{2g} + r_o = \dfrac{p}{\rho g} + \dfrac{c^2}{2g} + r$$

woraus

Bild 4.11 Schütztafel Senkenströmung im Ausflussbereich

$$\dfrac{p - p_o}{\rho g} = \dfrac{c_o^2}{2g} - \dfrac{c^2}{2g} + r_o - r \qquad (3)$$

In (3) bedeutet $p - p_o = p_r$ der an der Schütztafel angreifende Relativdruck (hier Ueberdruck). Er lässt sich durch r, r_o, r_a, ρ und g wie folgt ausdrücken:

In r_a ist $p = p_a = p_o$ (Freistrahl). Ferner ist mit (2)
$c = c_a = c_o r_o / r_a$. Setzt man in (3) dieses c, so ergibt sich

$$0 = \dfrac{c_o^2}{2g} - \dfrac{c_o^2 r_o^2}{2g r_a^2} + r_o - r_a$$

somit $\qquad \dfrac{c_o^2}{2g} = \dfrac{r_a^2}{r_o + r_a} \qquad (4)$

Mit (2) für c_o in (4) kommt

$$\dfrac{c^2}{2g} = \dfrac{r_o^2}{r^2} \dfrac{r_a^2}{r_o + r_a} \qquad (5)$$

Und schliesslich ergibt (4) und (5) in (3) die gesuchte Druckentwicklung an der Schütztafel in der Form

$$p_r = p - p_o = \rho g \left[r_o - r - \dfrac{r_a^2}{r_o + r_a} \left(\dfrac{r_o^2}{r^2} - 1 \right) \right] \qquad (6)$$

b) Die resultierende totale Druckkraft F je Meter wird nun mit
(6)

$$F = \int_{r_a}^{r_o}(p - p_o)\, dr = \rho g \int_{r_a}^{r_o}\left[r_o - r - \frac{r_a^2}{r_o + r_a}\left(\frac{r_o^2}{r^2} - 1\right)\right] dr$$

und integriert nach einfacher Bereinigung

$$F = \rho g \left[(r_o - r_a)^2 \left(\frac{1}{2} - \frac{r_a}{r_o + r_a}\right)\right] \qquad (7)$$

c) Für die statische Druckkraft F_s ergibt sich

$$F_s = A\, p_s \quad \text{mit} \quad p_s = \rho g\, \frac{r_o - r_a}{2} \quad \text{als}$$

statischer Druck im Flächenschwerpunkt und $A = (r_o - r_a)\cdot 1$
für die Fläche pro 1m Breite.
Man findet

$$F_s = (r_o - r_a)\, \frac{\rho g (r_o - r_a)}{2} = \frac{\rho g}{2}(r_o - r_a)^2 \qquad (8)$$

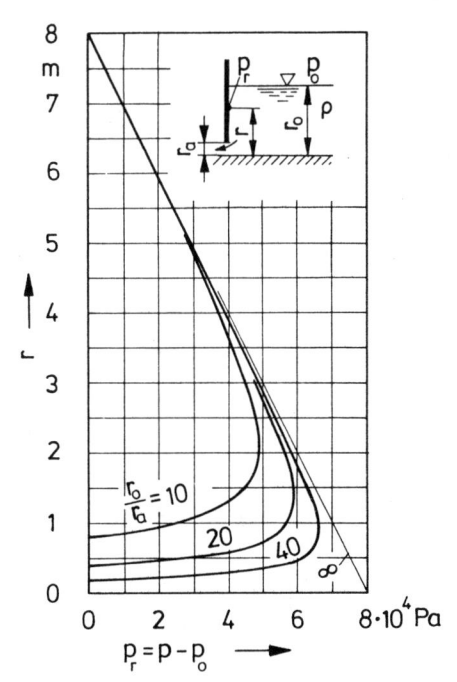

Das Verhältnis F/F_s nach
(7) und (8) wird demnach

$$\frac{F}{F_s} = 1 - \frac{2r_a}{r_o + r_a} \qquad (9)$$

d) Bild 4.12 zeigt $p_r = f(r)$.
Bei geschlossenem Schütz
($r_o/r_a = \infty$) ergibt sich
die bekannte lineare
Druckentwicklung längs r
(mit feinem Strichzug
markiert)

Bild 4.12 Schütztafel
Statischer Druck p_r entlang
der Schütztafel für $r_o = 8$m
Stauhöhe bei variablem Verhältnis r_o/r_a. $\rho = 10^3$ kg/m³

e) p_r/p_g geht aus Bild 4.13 hervor.
Ist $r_a/r_o = 0$ (geschlossener Schütz),
so wird $p_r = p_g \Longrightarrow p_r/p_g = 1$

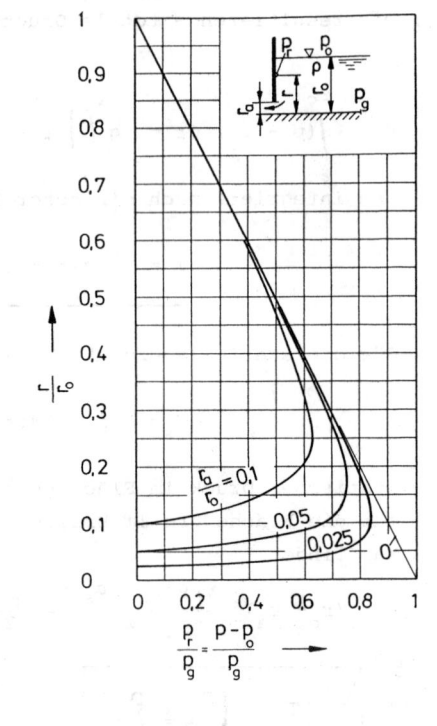

Bild 4.13 Schütztafel

Druckverhältnis p_r/p_g, abhängig vom Oeffnungsverhältnis r_a/r_o und r/r_o.
Stauhöhe $r_o = 8m$, $\rho = 10^3 kg/m^3$

Aufgabe 5 (Bild 4.14) Translationsströmung

Eine Parallelströmung fliesst in Bezug auf die x-Achse im Winkel α mit der Geschwindigkeit c_∞.

Wie lautet die komplexe Strömungsfunktion

$$F(z) = \Phi + i\Psi \quad ? \quad (1)$$

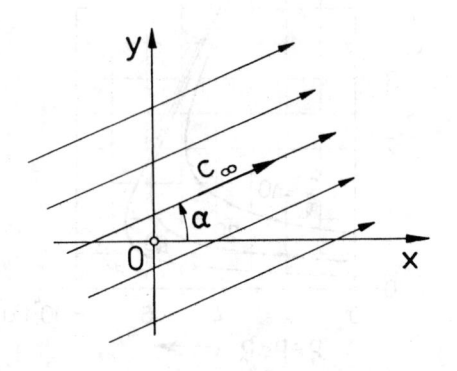

Bild 4.14 Translationsströmung

Lösung:

Es gilt $\quad \dfrac{\partial \Phi}{\partial x} = u = c_\infty \cos \alpha \qquad$ (2)

$\qquad \dfrac{\partial \Phi}{\partial y} = v = c_\infty \sin \alpha \qquad$ (3)

Somit $\quad \partial \Phi = u\, \partial x \quad$ und $\quad \partial \Phi = v\, \partial y$

Die Potentialdifferenz $\Phi_1 - \Phi_0$ von 0 bis 1 (Bild 4.15) ist unabhängig vom durchlaufenen Weg $\vec{ds}$.

Setzt man in 0 $\Phi_0 = 0$, so wird

$$\Phi_1 = \Phi = \int_0^1 \vec{c}_\infty\, \vec{ds} \qquad (4)$$

Mit $\vec{c}_\infty = (u,v)$

und $\vec{ds} = (\partial x, \partial y)$

erhält man

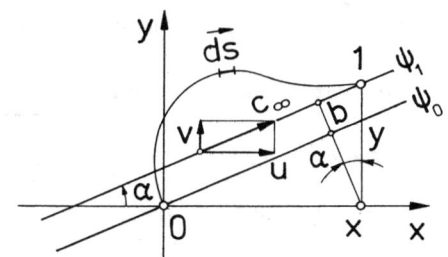

Bild 4.15 Translationsströmung
Bestimmung von F(z)

$\vec{c}_\infty\, \vec{ds} = (u,v)(\partial x, \partial y) = u\partial x + v\partial y \qquad$ (5)

Mit (5) und (2) in (4) folgt daraus für die in (4) formulierte

Potentialfunktion $\Phi = c_\infty \left\{ \displaystyle\int_0^1 \cos\alpha\, \partial x + \int_0^1 \sin\alpha\, \partial y \right\} = c_\infty (x \cos\alpha + y \sin\alpha) \qquad$ (6)

(vgl. dazu Tabelle 1.2)

Zur Bestimmung der Stromfunktion Ψ greifen wir auf den Zusammenhang von Ψ mit dem sekundlichen Durchfluss $\dot{V}$ zurück.

Man hat $\qquad \Psi_1 - \Psi_0 = \dot{V}_{12}\, b\, c_\infty \qquad$ (7)

Wir setzen in 0 willkürlich $\Psi_0 = 0$. Und aus Bild 4.15 folgt

$$b = y \cos\alpha - x \sin\alpha \qquad (8)$$

Aus (7) und (8) mit $\Psi_1 = \Psi$ erhält man die

Stromfunktion $\quad\quad \Psi = c_\infty (y \cos\alpha - x \sin\alpha)$ \quad\quad (9)

(vgl. dazu Tabelle 1.2)

Mit (6) und (9) in (1) findet man nach einfacher Zusammenfassung für die komplexe Strömungsfunktion zunächst die Form

$$F(z) = c_\infty (x + iy)(\cos\alpha - i\sin\alpha) \quad\quad (10)$$

In (10) ist $\cos\alpha - i\sin\alpha = e^{-i\alpha}$ die konjugiert Komplexe zu $z = x + iy = r\,e^{i\alpha}$. Und damit lautet schliesslich die

komplexe Strömungsfunktion $\quad \underline{F(z) = c_\infty z\, e^{-i\alpha}} \quad\quad (11)$

(vgl. Tabelle 1.2)

<u>Zur Kontrolle</u> wollen wir aus (11) die Geschwindigkeitskomponenten u und v gemäss (2) bzw. (3) nachweisen.

Die komplexe Geschwindigkeit lautet

$$\overline{w}(z) = \frac{dF(z)}{dz} = c_\infty e^{-i\alpha} = u - iv = c_\infty(\cos\alpha - i\sin\alpha) \quad (12)$$

Die Zerlegung von (12) in Real- und Imaginärteil ergibt die Geschwindigkeitskomponenten

$$u = c_\infty \cos\alpha$$
$$v = c_\infty \sin\alpha$$

in Uebereinstimmung mit (2) und (3).

Aufgabe 6 Translationsströmung in y-Richtung

Wie lautet die komplexe Strömungsfunktion F(z) für die Parallelströmung in y-Richtung mit der Geschwindigkeit v_∞ ?

Lösung:

Für die Parallelströmung in y-Richtung gilt

$$\frac{\partial \Phi}{\partial x} = u = 0 \quad \text{und} \quad \frac{\partial \Phi}{\partial y} = v_\infty$$

Die komplexe Geschwindigkeit beträgt also

$$\overline{w}(z) = \frac{dF(z)}{dz} = u - iv_\infty = - iv_\infty$$

und damit wird

$$F(z) = - iv_\infty \int dz = - iv_\infty z + C$$

C ist beliebige Konstante. So erhält man für die komplexe Strömungsfunktion

$$\underline{F(z) = - iv_\infty z}$$

(vgl. Tabelle 1.2)

4.3 Überlagern von Potentialströmungen (Singularitätenverfahren)

Aufgabe 1 (Bild 4.16) **Zwei Quellen unterschiedlicher Stärke**

Zwei Quellen 1 und 2 mit der Ergiebigkeit E bzw. 2E liegen im Abstand voneinander auf der x-Achse.

a) Wie lautet die resultierende Stromfunktion Ψ und die Lage r_s der resultierenden Stromlinie mit dem Staupunkt S auf der x-Achse, welche das aus den Quellen strömende Fluid eindeutig voneinander abtrennt?

b) Die durch die Ueberlagerung der beiden Elementarströmungen entstehende neue Strömung ist zu entwerfen.
Wählen Sie ℓ = 5 cm.

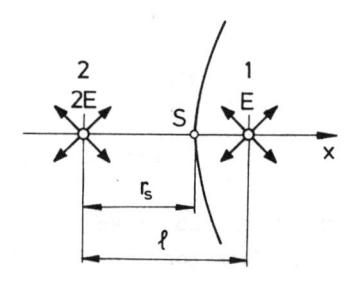

Bild 4.16
Ueberlagerung von zwei Quellen unterschiedlicher Stärke

Lösung:

a) Die Stromfunktionen der zu überlagernden Quellen lauten nach Tabelle 1.2 und Bild 4.17

$$\Psi_1 = \frac{E}{2\pi} \varphi_1 \quad (1)$$

$$\Psi_2 = \frac{2E}{2\pi} \varphi_2 \quad (2)$$

Im Staupunkt S kommt das gegeneinander strömende Fluid zum Stillstand.
Dort ist bei $\varphi_1 = 180°$ bzw. $\varphi_2 = 0°$ die radial verlaufende Strömungsgeschwindigkeit

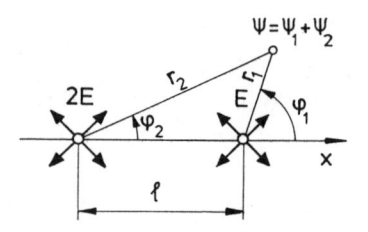

Bild 4.17
Ueberlagerung von zwei Quellen zur Stromfunktion Ψ

$$c_r = c_{r_1} = c_{r_2} = \frac{E}{2\pi} \frac{1}{r} \tag{3}$$

Mit den vorgegebenen Werten wird in S infolge (3) und Bild 4.17

$$\frac{E}{2\pi} \frac{1}{\ell - r_s} = \frac{2E}{2\pi} \frac{1}{r_s} \tag{4}$$

und daraus $\quad r_s = \frac{2}{3} \ell \quad$ als <u>Staupunktlage</u>. (5)

S ist Verzweigungspunkt der resultierenden Strömung. Die dortige Stromlinie der resultierenden Stromfunktion Ψ trennt die von 1 und 2 ausgehenden Fluidströme.

Die resultierende <u>Stromfunktion Ψ</u> erhalten wir aus (1) und (2) und Einbezug einer beliebigen Konstanten C (Differenz der Stromfunktion zwischen zwei Stromlinien Ψ = konst.) entsprechend dem Ueberlagerungsprinzip zu

$$\Psi = \Psi_1 + \Psi_2 + C \tag{6}$$

also ist $\quad \Psi = \frac{E}{\pi} (\frac{\varphi_1}{2} + \varphi_2) + C \tag{7}$

b) <u>Ueberlagerungsprinzip</u> zeichnerisch (Bild 4.18)

In 1 und 2 werden Strahlenbüschel gezeichnet (dünne Vollinien), welche die Stromlinien der Quellen darstellen.

Das zahlenmässige Verhältnis der in 1 und 2 gewählten Strahlen entspricht dem Verhältnis der Quellergiebigkeiten.

Wähle zum Beispiel für die Quelle in 1 mit der Ergiebigkeit E 16 Strahlen. In 2 mit 2E sind demnach 32 Strahlen zu zeichnen.

Zwischen benachbarten Strahlen derselben Strömung strömt dieselbe Fluidmenge.

Jeder Stromlinie wird eine Zahl (Stromfunktionswert) zugeordnet (0, 1, 2 . . .) bzw. (0, -1, -2, . . .), welche sich von der vorangehenden um denselben Betrag unterscheidet (Die Stromlinien sind in Bild 4.18 nur teilweise bezeichnet, um die Darstellung zeichnerisch nicht zu überlasten). Alle Schnittpunkte mit

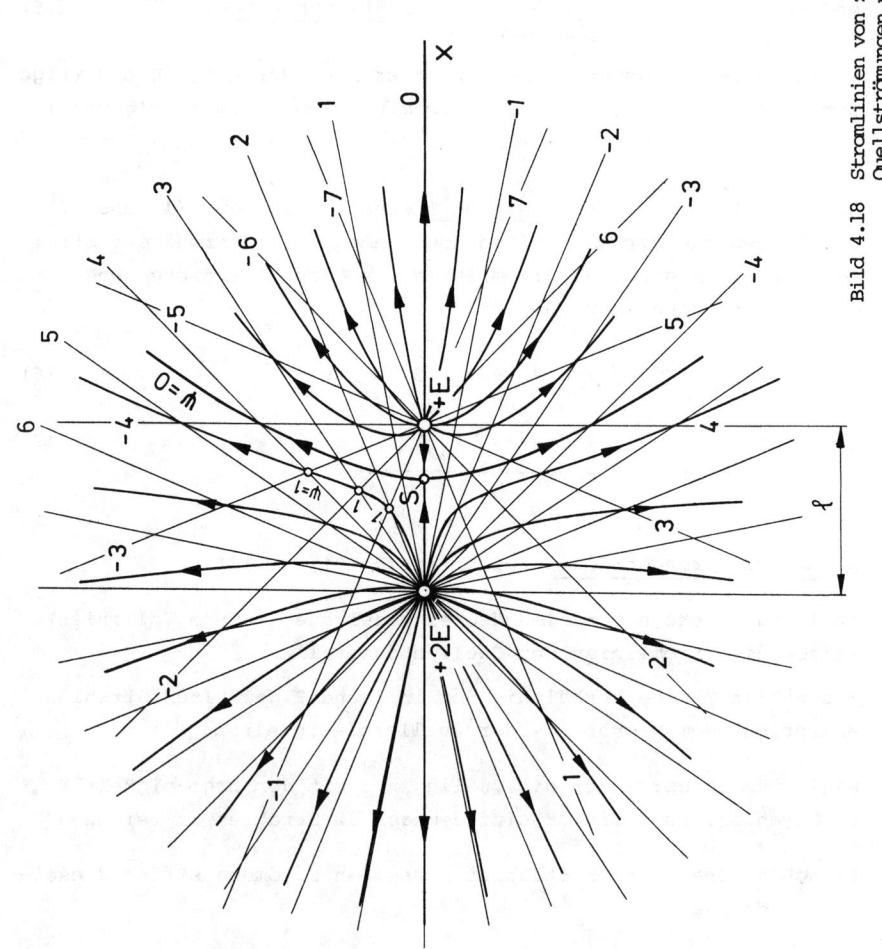

Bild 4.18 Stromlinien von zwei überlagerten Quellströmungen unterschiedlicher Stärke

gleicher algebraischer Summe der sich schneidenden Stromlinien
gehören einer resultierenden Stromlinie Ψ = konst. an (Beispiel
Ψ = 0, Ψ = 1 usw.).

Es ist üblich aber nicht zwingend, die Stromlinien der Quellen
so anzuschreiben, dass die durch S laufende resultierende Staustromlinie Ψ = 0 (Nullstromlinie) den Summenwert Null hat.

Man erkennt, dass die Quellströmungen durch die Nullstromlinie
vollständig voneinander getrennt werden.

Aufgabe 2 (Bild 3.2a und 4.19) **Halbkörper**

Eine ebene Quelle der Ergiebigkeit E im Punkt (0,0) wird mit einer Parallelströmung in x-Richtung mit der Geschwindigkeit u_∞
überlagert (Bild 3.2a und 4.19).

Die dabei entstehende Staupunktstromlinie kann als Kontur eines
starren Körpers aufgefasst werden, den man seiner Längenausdeh-
nung wegen ebener Halbkörper nennt.

Bild 4.19

Ebener Halbkörper
Ueberlagerung einer Parallelströmung der Geschwin-
digkeit u_∞ mit einer ebenen Quellströmung der Er-
giebigkeit +E

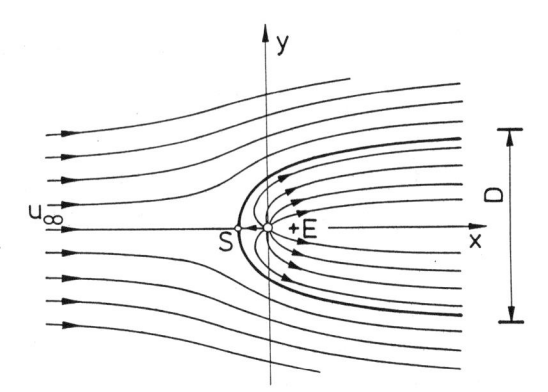

Man bestimme folgende Grössen:

a) Komplexe Strömungsfunktion
b) Potential- und Stromfunktion
c) Geschwindigkeitskomponenten
d) Staupunktlage

e) Dicke des Halbkörpers, gebildet durch die Staupunktstromlinie, welche den Parallelstrom von der inneren Quellströmung trennt.
f) Gleichung der Stromlinien
g) Gleichung der Halbkörperkontur
h) Strömungsgeschwindigkeit an der Körperkontur
i) Druckverteilung entlang der Kontur
k) Konstruktion des Stromlinienbildes mit den Annahmen:
Parallelströmung Stromlinienabstand $\Delta n = 10$ mm
12 Strahlen für die Quelle +E

Lösung:

a) Die <u>komplexe Strömungsfunktion</u> erhalten wir durch Ueberlagerung der entsprechenden Werte nach Tabelle 1.2. Hieraus folgt

$$F(z) = u_\infty z + \frac{E}{2\pi} \ln z \qquad (1)$$

b) $$F(z) = u_\infty (x + iy) + \frac{E}{2\pi} \ln(x + iy) \qquad (2)$$

Mit $\ln(x + iy) = \ln re^{i\varphi} = \ln r + i\varphi$ und

$\varphi = \arctan \frac{y}{x}$ folgt aus (2)

$$F(z) = u_\infty x + \frac{E}{2\pi} \ln r + i(u_\infty y + \frac{E}{2\pi} \arctan \frac{y}{x}) \qquad (3)$$

Somit erhält man aus (3) für die <u>Potential- und Stromfunktion</u> mit Φ als Realteil und Ψ als Imaginärteil die Werte

$$\Phi = u_\infty x + \frac{E}{2\pi} \ln r \qquad (4)$$

$$\Psi = u_\infty y + \frac{E}{2\pi} \arctan \frac{y}{x} \qquad (5)$$

c) Aus (1) erhält man die <u>komplexe Geschwindigkeit</u>

$$\overline{w}(z) = \frac{dF(z)}{dz} = u - iv = u_\infty + \frac{E}{2\pi} \frac{1}{z}$$

Mit $z = x+iy$ und $x^2 + y^2 = r^2$ folgt

$$F'(z) = u_\infty + \frac{E}{2\pi}\frac{x}{r^2} - i\frac{E}{2\pi}\frac{y}{r^2} \quad \text{Dies liefert die}$$

Geschwindigkeitskomponenten

$$u = u_\infty + \frac{E}{2\pi}\frac{x}{r^2} = \frac{\partial \Phi}{\partial x} \quad (6)$$

$$v = \frac{E}{2\pi}\frac{y}{r^2} = \frac{\partial \Phi}{\partial y} \quad (7)$$

(Bild 4.20)

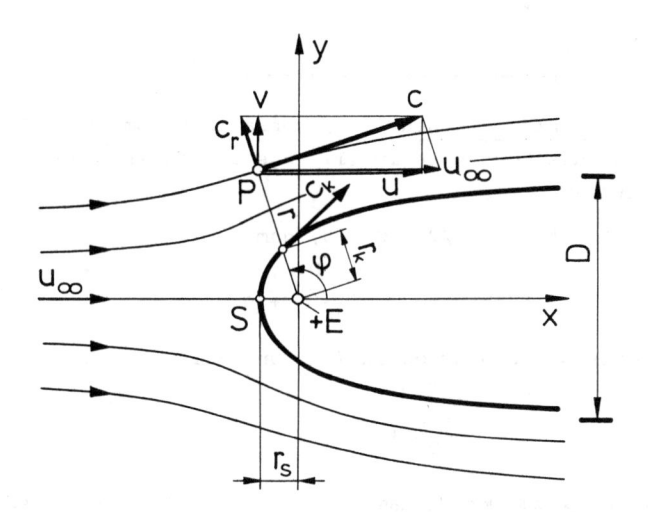

Bild 4.20 Geschwindigkeit c im Stromfeld um den Halbkörper und c_k an dessen Kontur

d) Im <u>Staupunkt</u> gilt $u = 0$, $x = -r_s$, $r = r_s$

Mit (6) erhält man

$$r_s = \frac{E}{2\pi u_\infty} \quad (8)$$

e) In $x = \infty$ strömt das Quellfluid E mit u_∞ parallel zur Parallelströmung ab. Am 1m breiten Strom (senkrecht zur Bildebene) lautet die Kontinuität $E = D\, u_\infty$.
Die <u>Höhe des Halbkörpers</u> beträgt damit

$$D = \frac{E}{u_\infty} = 2\pi r_s \quad (9)$$

f) <u>Stromlinien</u> sind Linien gleicher Stromfunktion. Aus (5) folgt mit arc tan y/x = φ längs einer Stromlinie

$$\Psi = u_\infty y + \frac{E}{2\pi}\varphi = \text{konst.} \qquad (10)$$

Führt man $E/2 = u_\infty D/2$ ein, so kommt

$$\frac{\Psi}{u_\infty \frac{D}{2}} = \frac{2y}{D} + \frac{\varphi}{\pi} = \text{konst.} \qquad (11)$$

g) Die <u>Halbkörperkontur</u> ist ebenfalls Stromlinie. Für diese lässt sich die Konstante in (11) aus den Bedingungen in $x = \infty$ ermitteln.

Dort ist $y = D/2$, $\varphi = 0$, damit die

$$\text{Konstante} = \frac{2\frac{D}{2}}{D} + 0 = 1 \qquad (12)$$

womit die Kontur durch (11) und (12) gegeben ist:

$$\frac{2y}{D} + \frac{\varphi}{\pi} = 1 \qquad (13)$$

Unter Beizug von (9) lässt sich die Kontur auch ausdrücken durch

$$\frac{2y\,u_\infty}{E} + \frac{\varphi}{\pi} = 1 \qquad (14)$$

Bemerkung: Misst man φ vom Staupunkt aus, nimmt die Staustromlinie nach (5) den Wert $\Psi = 0$ an. Dann gilt der Zusammenhang

$$y = \left| -\frac{\varphi\,D}{2\pi} \right|$$

an der Kontur.

h) Aus Bild 4.20 entnehmen wir ferner

$$c = \sqrt{(u_\infty + c_r \cos\varphi)^2 + (c_r \sin\varphi)^2} \qquad (15)$$

c_r ist die von der Quelle herrührende Geschwindigkeitskomponente.

Für die Kontur gilt (14). Darin $y/r_k = \sin\varphi$ eingeführt ergibt

$$r_k = \frac{D(\pi - \varphi)}{2\pi \sin\varphi} \qquad (16)$$

c_r im Radius r_k beträgt dann

$$c_r = \frac{u_\infty \sin\varphi}{\pi - \varphi} \qquad (17)$$

Und mit (17) in (15) erhält man für die **Strömungsgeschwindigkeit c_k entlang der Kontur** des Halbkörpers

$$c_k = u_\infty \sqrt{1 + \frac{\sin 2\varphi}{\pi - \varphi} + \frac{\sin^2\varphi}{(\pi - \varphi)^2}} \qquad (18)$$

Hinweis: Wenn der Polarwinkel φ vom Staupunkt aus gemessen wird, haben die Nenner in (18) die Werte φ bzw. φ^2.

i) Die **Druckverteilung** $\Delta p = p - p_\infty$ entlang der Kontur berechnet sich aus der Bernoulli-Gl. und man erhält

$$c_p = \frac{\Delta p}{\frac{\rho}{2} u_\infty^2} = 1 - \left(\frac{c_k}{u_\infty}\right)^2 \qquad (19)$$

Mit (18) in (10) lässt sich φ einführen. Dann folgt für den Druckkoeffizient

$$c_p = \frac{\sin 2\varphi}{\pi - \varphi} - \frac{\sin^2\varphi}{(\pi - \varphi)^2} \qquad (20)$$

Bild 4.21 zeigt den Verlauf von c_p und c_k/u_∞ in Abhängigkeit der Lauflänge x.

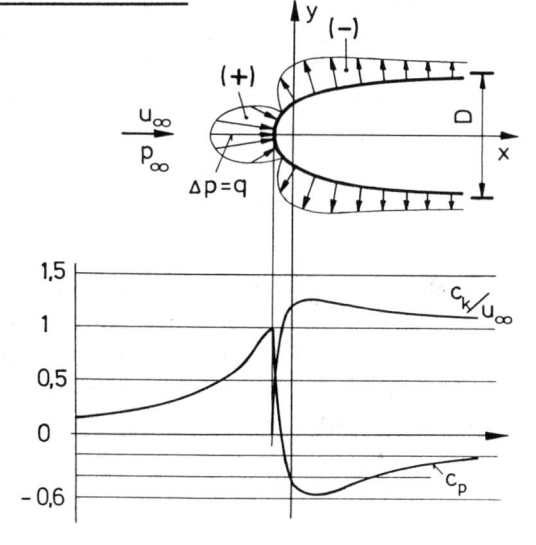

Bild 4.21
Druck-und Geschwindigkeitsverteilung um den ebenen Halbkörper

k) Die Parallel- und Quellströmung werden übereinander gezeichnet (Bild 4.22). Es resultiert das Stromlinienbild.

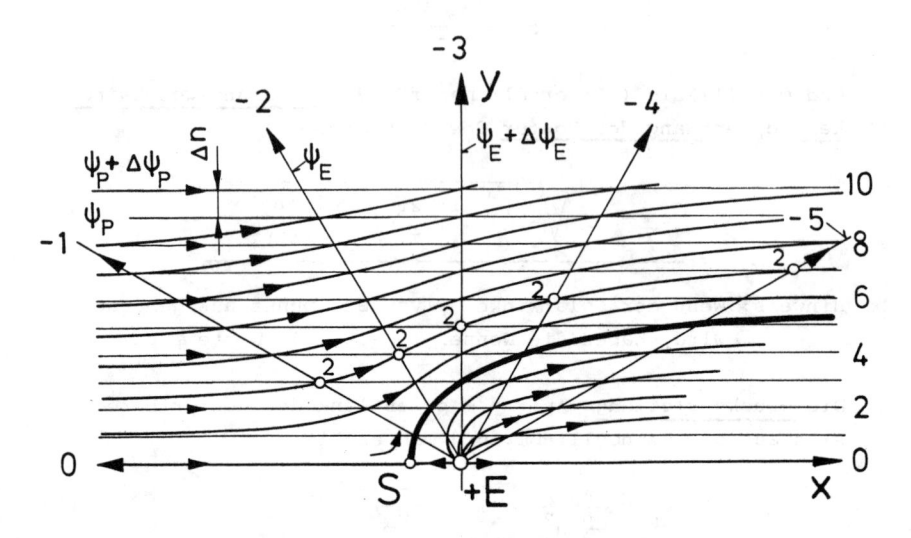

Bild 4.22 Konstruktion des Stromlinienbildes des umströmten Halbkörpers

Δn ist der konstante Abstand zwischen nebeneinanderliegenden Stromlinien ($\Delta \Psi$= konstant) der Parallelströmung. Die gewählten 16 Stromlinien des Quellstabes der Ergiebigkeit +E schliessen untereinander denselben Winkel ein.

Den Stromlinien der Parallelströmung werden die Zahlen $\Psi = 0$, 1, 2, . . . 10 zugeordnet. Für die Quellströmung werden 0, -1, -2, -3 . . . , links beginnend, gewählt (dann nimmt die Staustromlinie den Wert $\Psi = 0$ an, was üblich, aber nicht zwingend ist).

Nach dem Ueberlagerungsgesetz beträgt die Gesamtstromfunktion in jedem Punkte der Summe der einzelnen örtlichen Stromfunktionen. Alle Schnittpunkte mit gleicher Zahlensumme liegen auf einer Stromlinie Ψ = konstant der resultierenden Strömung. Als Beispiel sind Punkte der Summe 2 in das Stromlinienbild eingetragen.

Aufgabe 3 (Bild 3.1c und 4.23) **Ovaler Körper**

Ein Quell-Senkenpaar der Gesamtergiebigkeit Null (Quelle +E, Senke -E) wird mit einer Parallelströmung u_∞ nach Bild 4.23 überlagert.

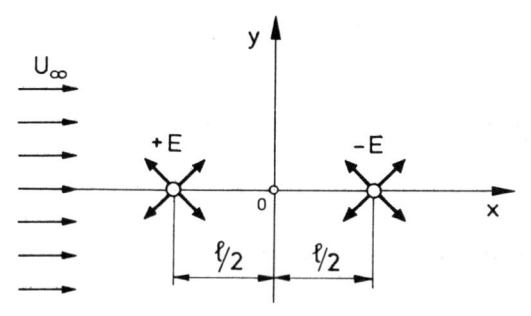

Bild 4.23 Ueberlagerung von Quelle und Senke gleicher Ergiebigkeit mit einer Parallelströmung

a) Wie lautet die Stromfunktion Ψ der resultierenden Strömung, ausgehend von Kartesischen Koordinaten?
b) In welchem Abstand a (grosse Halbachse) liegen der vordere und hintere Staupunkt (Bild 4.25)?
c) Finde eine Gleichung, welche die Körperkontur beschreibt. Es ist die trennende Stromlinie zwischen dem Fluidmaterial des Quell-Senkenpaares und der Parallelströmung.
d) Wie gross ist die kleine Halbachse b des ovalen Körpers?
e) An den kleinen Halbachsen b tritt die grösste Umströmungsgeschwindigkeit $u = u_{max}$ auf. Welchen Wert hat u_{max}?
f) Das resultierende Stromlinienbild der Ueberlagerung ist zu entwerfen.

Annahmen: ℓ = 60 mm. Strahlenbüschel für Quelle und Senke je 32 Strahlen (360°).
Parallelströmung Stromlinienabstand 10 mm.

Lösung:

a) <u>Stromfunktion</u> Ψ

Durch Ueberlagerung der bekannten Stromfunktionen der Einzelströmungen (Tabelle 1.2 und Bild 3.1c) wird

$$\Psi = u_\infty y + \frac{E}{2\pi}(\varphi_1 - \varphi_2) \qquad (1)$$

In (1) lässt sich $\varphi_1 - \varphi_2$ ausdrücken durch

$$\varphi_1 - \varphi_2 = \arctan\frac{y}{x_1} - \arctan\frac{y}{x_2} \quad , \qquad (2)$$

wie aus Bild 4.24 ersichtlich.

Ferner ist

$$\left. \begin{array}{l} x_1 = \dfrac{\ell}{2} + x \\[4pt] x_2 = x - \dfrac{\ell}{2} \end{array} \right\} \qquad (3)$$

(1) kann man mit (2) und (3) somit auch folgendermassen formulieren:

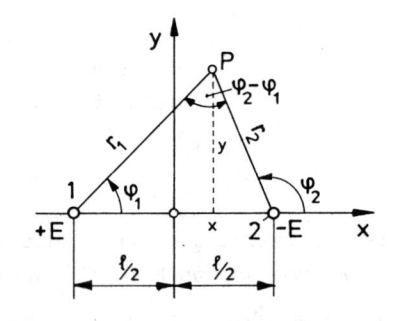

Bild 4.24 Zur Berechnung des Stromfeldes des ovalen Körpers

$$\Psi = u_\infty y + \frac{E}{2\pi}\left(\arctan\frac{y}{\frac{\ell}{2}+x} - \arctan\frac{y}{x-\frac{\ell}{2}}\right) \qquad (4)$$

b) <u>Staupunkte</u> in $(-a,0)$ und $(+a,0)$. Grosse Halbachse a (Bild 4.25)

$\dfrac{\partial \Psi}{\partial y} = u$ aus (4) und Setzung von $(\dfrac{\ell}{2}+x)^2 = r_1^2$ bzw.

$(x - \dfrac{\ell}{2})^2 = r_2^2$ (Bild 4.24) und Beachtung von $-E$ für die Senke ergibt

$$u = u_\infty + \frac{E}{2\pi}\left(\frac{\cos\varphi_1}{r_1} - \frac{\cos\varphi_2}{r_2}\right) \qquad (5)$$

In den Staupunkten ist $u = 0$

Ferner ist
$$r_1 = a - \frac{\ell}{2}$$
$$r_2 = a + \frac{\ell}{2}$$
$$\cos\varphi_1 = -1$$
$$\cos\varphi_2 = -1$$

Einsetzen in (5) und nach einfachen Umformungen ergeben sich für die Halbachsen die Staupunktlagen

$$a = \pm\sqrt{\frac{\ell}{2}\left(\frac{E}{\pi u_\infty} + \frac{\ell}{2}\right)} \qquad (6)$$

c) <u>Körperkontur</u>

Die Nullstromlinie $\Psi = 0$ beschreibt die Form des entstehenden ovalen Körpers.
Bild 4.24 vermittelt

$$\tan\varphi_1 = \frac{y}{\frac{\ell}{2} + x} \quad , \quad \tan\varphi_2 = \frac{y}{x - \frac{\ell}{2}} \qquad (7)$$

Nach dem Additionstheorem folgt daraus

$$\tan(\varphi_1 - \varphi_2) = \frac{\ell y}{x^2 + y^2 - \left(\frac{\ell}{2}\right)^2} \qquad (8)$$

Somit

$$\varphi_1 - \varphi_2 = \arctan\frac{\ell y}{x^2 + y^2 - \left(\frac{\ell}{2}\right)^2} \qquad (9)$$

Somit ergibt sich mit (9) in (1) für die Stromfunktion

$$\Psi = u_\infty y + \frac{E}{2\pi}\arctan\frac{\ell y}{x^2 + y^2 - \left(\frac{\ell}{2}\right)^2} \qquad (10)$$

Soll für die Nullstromlinie der Körperkontur $\Psi = 0$ betragen, so erhält man eine die Körperkontur beschreibende Gleichung aus (10) in der Form

$$x^2 + y^2 - \left(\frac{\ell}{2}\right)^2 = -\ell y \cot\left(\frac{2\pi u_\infty}{E} y\right) \qquad (11)$$

Der Klammerausdruck rechts in (11) ist Bogenmass. Rechnet man im Gradmass, so wird mit 57,3 erweitert. Gleiches gilt für (12).

d) Die <u>kleine Halbachse</u> $y = b$ liegt in $x = 0$, dann erhält man aus (11) den Zusammenhang

$$b^2 - \left(\frac{\ell}{2}\right)^2 = -\ell b \cot\left(\frac{2\pi u_\infty}{E} b\right) \qquad (12)$$

und daraus b.

e) Der <u>Grösstwert</u> $u = u_{max}$ der Umströmungsgeschwindigkeit tritt in $(0,+b)$ uns $(0,-b)$ auf.

In b ist $\quad \cos\varphi_1 = \dfrac{\frac{\ell}{2}}{r_1}, \quad \cos\varphi_2 = -\dfrac{\frac{\ell}{2}}{r_2} \qquad (13)$

Ausserdem gilt $\quad r_1^2 = \left(\frac{\ell}{2}\right)^2 + b^2 = r_2^2 \qquad (14)$

(13) und (14) in (5) liefert

$$u = u_{max} = u_\infty + \frac{E}{2\pi} \frac{\ell}{\left(\frac{\ell}{2}\right)^2 + b^2} \qquad (15)$$

f) Vorgehen bei der <u>Konstruktion des Stromlinienbildes</u> (Bild 4.25)

Vorgeschrieben:

Abstand des Quell-Senkenpaares $\qquad\qquad\qquad \ell = 60$ mm
Stromlinienabstand Parallelströmung $\qquad\qquad\qquad$ 10 mm
Quelle und Senke je 32 Stromlinien (Strahlenbüschel)

Vorgehen:

Strahlenbüschel für Quelle und Senke zeichnen, 32 Strahlen (360°).

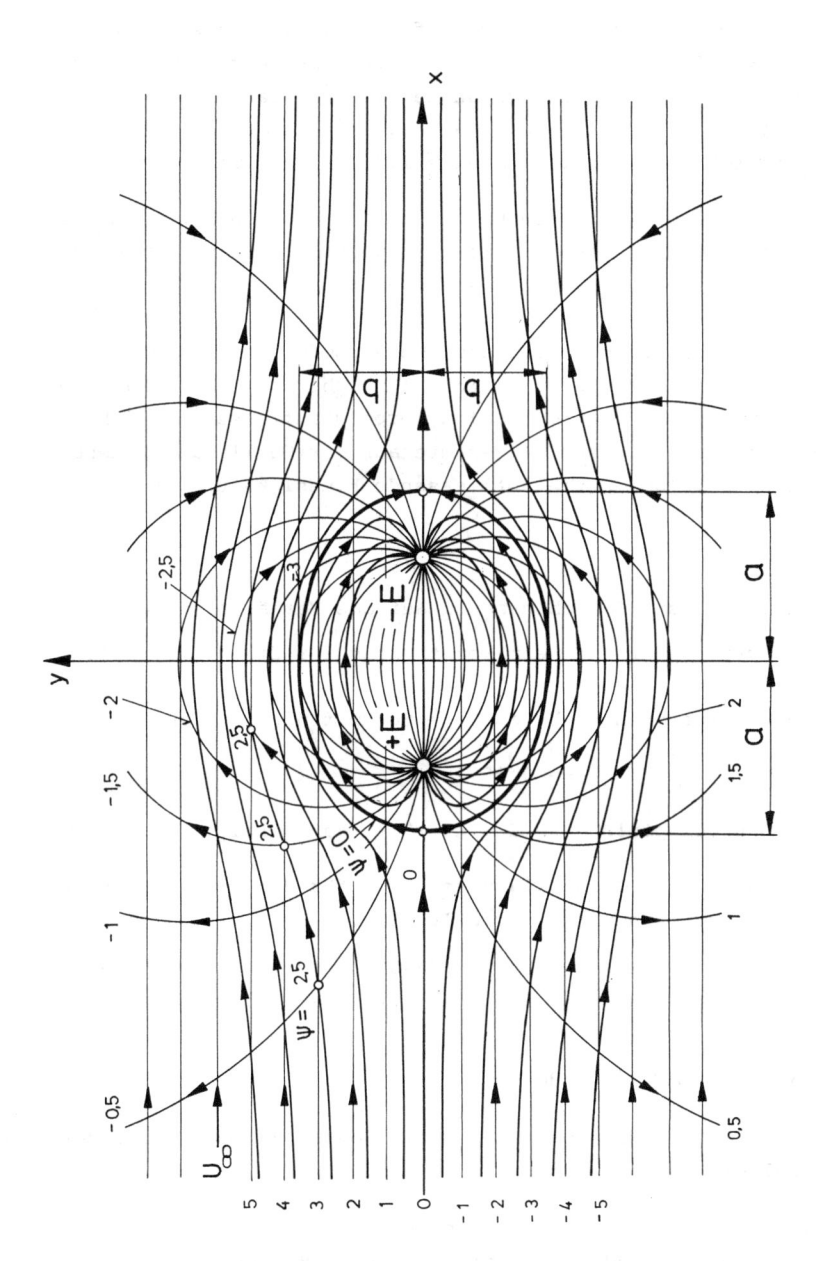

Bild 4.25 Quell-Senkenpaar bei Ueberlagerung mit einer Parallelströmung ergibt Umströmung eines ovalen Körpers

Strahlen beziffern, beginnend auf positiver x-Achse. Für die Quelle +E: 0   0,5   1   1,5 . . . , für die Senke -E: 0   -0,5   -1   -1,5 . . . . Kreuzungspunkte gleicher Zahlensumme sind Stromlinien des Quell-Senkenpaares. Es sind Kreise durch $\pm$E, symmetrisch zur y-Achse (Tabelle 1.2, Bild 3.1c).

Parallelströmung zeichnen mit 10 mm Abstand von Stromlinie zu Stromlinie und beziffern. Kreuzungspunkte gleicher Zahlensumme sind Stromlinien der resultierenden Strömung.

Aus dem skizzierten resultierenden Stromfeld hebt sich deutlich die geschlossene Stromlinie $\Psi = 0$ heraus. Diese kann man als Kontur eines starren ovalen Körpers auffassen. Innerhalb dieser Kontur fliesst die gesamte aus der Quelle austretende und wieder in der Senke abfliessende Flüssigkeit.

Ergänzung

Bild 4.25 lässt Rückschlüsse zu auf das Verhältnis E/u_∞ .
Im Massstab 1:1 finden wir konstruktiv für die grosse Halbachse a = 49 mm.
Mit dem vorgegebenen Abstand ℓ = 60 mm finden wir aus (6)

$$\frac{E}{u_\infty} = 0,15718 \text{ m}$$

Wählt man beispielsweise E = 12 m^2/s, dann wird u_∞ = 76,34 m/s.

Aus Bild 4.25 in Originalgrösse folgt für die kleine Halbachse b = 35,3 mm. Dieser Wert erfüllt (12).

Die maximale Umströmungsgeschwindigkeit an der kleinen Halbachse b wird nach (15) u_{max} = 129,7 m/s.

Aufgabe 4 (Bild 4.23, 4.24, 4.25) **Ovaler Körper**

Für das in Aufgabe 3 behandelte Quell-Senkenpaar mit überlagerter Parallelströmung sind gesucht

a) die komplexe Strömungsfunktion F(z)
b) Die Potential- und Stromfunktion Φ bzw. Ψ aus F(z)
c) die Geschwindigkeitskomponenten u und v.
   Für die nachfolgenden Berechnungen wird zur Abkürzung $\frac{\ell}{2} = t$ gesetzt (vgl. Bild 4.23).

Lösung:

a) Nach Tabelle 1.2 und Berücksichtigung der Lage des Quell-Senkenpaares erhalten wir für die komplexe Strömungsfunktion

$$F(z) = u_\infty z + \frac{E}{2\pi}\left[\ln(z+t) - \ln(z-t)\right] \quad (1)$$

z + t ist die massgebende komplexe Zahl (Vektor)
    der Quelle +E

z − t ist verbindlich für
    die Senke −E

b) Mit den Rechenregeln für komplexe Zahlen und Logarithmen führt (1) zunächst auf die Form

$$F(z) = u_\infty(x+iy) + \frac{E}{2\pi}\left\{\ln\frac{x+iy+t}{x+iy-t}\right\} = u_\infty(x+iy)\ln\frac{r_1 e^{i\varphi_1}}{r_2 e^{i\varphi_2}} \quad (2)$$

worin $r_1 = \left\{(x+t)^2 + y^2\right\}^{1/2}$ und $r_2 = \left\{(x-t)^2 + y^2\right\}^{1/2}$

$\varphi_1 = \arctan\frac{y}{x+t}$ sowie $\varphi_2 = \arctan\frac{y}{x-t}$

Daraus wird

$$F(z) = u_\infty(x+iy) + \frac{E}{4\pi}\left\{\ln\left[(x+t)^2 + y^2\right] - \ln\left[(x-t)^2 + y^2\right]\right\} +$$

$$+ i\frac{E}{2\pi}\left(\arctan\frac{y}{x+t} - \arctan\frac{y}{x-t}\right) \quad (3)$$

Die Zerlegung von (3) in Real- und Imaginärteil ergibt die Potential- und Stromfunktion

$$F(z) = \underbrace{u_\infty x + \frac{E}{4\pi}\left\{\ln\frac{(x+t)^2+y^2}{(x-t)^2+y^2}\right\}}_{\Phi} + i\underbrace{\left\{u_\infty y + \frac{E}{2\pi}\left[\arctan\frac{y}{x+t} - \arctan\frac{y}{x-t}\right]\right\}}_{\Psi} \quad (4)$$

Ψ in (4) kann man noch etwas kompakter formulieren mit Anwendung der trigonometrischen Funktion arc $\tan\varphi_1$ - arc $\tan\varphi_2$. So erhält man

$$\Psi = u_\infty y - \frac{E}{2\pi} \text{arc tan} \frac{2yt}{x^2 + y^2 - t^2} \tag{5}$$

c) Die Ableitung der komplexen Funktion (1) führt auf die komplexe Geschwindigkeit

$$\overline{w}(z) = \frac{dF}{dz} = F'(z) = u - iv \tag{6}$$

Hieraus folgt:

$$\frac{dF}{dz} = u_\infty + \frac{E}{2\pi}\left[\frac{1}{z+t} - \frac{1}{z-t}\right] = u_\infty + \frac{E}{2\pi} \frac{-2t}{z^2 - t^2} \tag{7}$$

Mit $z = x + iy$ und Erweitern des Bruches in (7) mit $x^2 - y^2 - t^2 - 2ixy$ erhält man

$$\frac{dF}{dz} = u_\infty + \frac{E}{2\pi} \frac{-2t(x^2 - y^2 - t^2) + i\, 4txy}{(x^2 - y^2 - t^2)^2 + 4x^2y^2} \tag{8}$$

Die <u>Geschwindigkeitskomponenten</u> folgen aus (8) als Real- und Imaginärteil, somit wird

$$u = u_\infty + \frac{E}{2\pi} \frac{-2t(x^2 - y^2 - t^2)}{(x^2 - y^2 - t^2)^2 + 4x^2y^2} \tag{9}$$

und

$$v = \frac{E}{2\pi} \frac{4\, txy}{(x^2 - y^2 - t^2) + 4x^2y^2} \tag{10}$$

(9) und (10) wären auch aus $\frac{\partial \Phi}{\partial x}$ bzw. $\frac{\partial \Phi}{\partial y}$ berechenbar.

Aufgabe 5 (Bild 3.2c und 4.26) Ebener Halbkörper

Ein ebenes Quellpaar wird senkrecht zu seiner Verbindungsgeraden von einer Parallelströmung überlagert.

Ein Quellpaar der Stärke +E ist in den Punkten (0,-a) und (0,+a) angeordnet und wird von einer Parallelströmung in x-Richtung mit der Strömungsgeschwindigkeit u_∞ angeströmt.

Gesucht:

a) Die komplexe Strömungsfunktion F(z) der resultierenden Strömung

b) Potential- und Stromfunktion

Für die nachstehenden Fragestellungen
c) bis f) wird $u_\infty = E/2\pi a$ angenommen

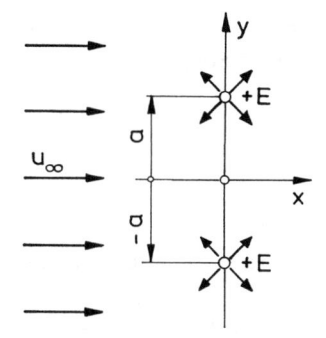

c) Gleichung der Staustromlinie, welche die Körperkontur des entstehenden Halbkörpers beschreibt.

d) Lage des Staupunktes S

e) Grösste Dicke des Halbkörpers in $x = \infty$

f) Man entwerfe das Stromlinienbild, $a = \pm 30$ mm

Bild 4.26
Quellpaar und Parallelströmung

Lösung:

a) Als Strömungsfunktionen, die zur superponierten Strömung führen, gilt nach Tabelle 1.2 unter Beachtung von $u_\infty = E/2\pi a$ für die

<u>Parallelströmung</u>　　　　$F(z) = u_\infty z$ 　　　　(1)

<u>Für eine Quelle</u>
gilt zunächst　　　　$F(z) = \dfrac{E}{2\pi} \ln z$ 　　　　(2)

wo z ein Punkt im Stromfeld vom Ursprung und von der Quelle aus ist.

Die Quelle +E im Abstand ia vom
Ursprung in y-Richtung hat bezüglich des Punktes z vom Ursprung
aus den Abstand z-ia (Bild 4.27).

Von dieser Quelle aus ist somit
z-ia der massgebliche Abstand,
der in (2) zu beachten ist. Man
beachte dabei den Vektorcharakter
der komplexen Zahl z (Ein Vektor
hat Länge und Richtung $\Rightarrow$ gerich-
tete Strecke).

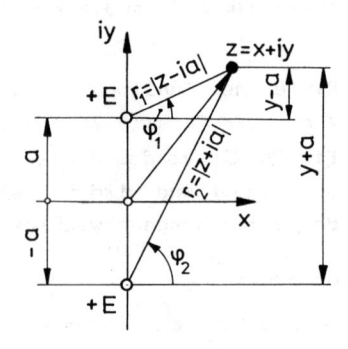

Bild 4.27 Zur komple-
xen Strömungsfunktion
der Quellen +E in (0,+a)
und (0,-a)

Demnach lautet nun die <u>komplexe Strömungsfunktion</u> für

die Quelle in (0,+a) $\qquad F(z) = \dfrac{E}{2\pi} \ln(z - ia)$ \hfill (3)

In gleicher Weise findet man
für die Quelle in (0,-a) $\qquad F(z) = \dfrac{E}{2\pi} \ln(z + ia)$ \hfill (4)

Somit erhält man für die komplexe Strömungsfunktion der aus
(1) und (4) superponierten Strömungen

$$F(z) = u_\infty z + \frac{E}{2\pi}\left[\ln(z - ia) + \ln(z + ia)\right] \qquad (5)$$

Mit Beachtung der Logarithmengesetze erhalten wir schliesslich
die resultierende Strömungsfunktion in der Form

$$\underline{F(z) = u_\infty z + \frac{E}{2\pi}\left[\ln(z^2 + a^2)\right]} \qquad (6)$$

b) Wir spalten F(z) gemäss (6) in den Real- und Imaginärteil und
erhalten die <u>Potential- und Stromfunktion</u> aus

$$F(z) = \Phi + i\Psi \qquad (7)$$

Mit der Setzung von z=x+iy in (5), Einführung der Exponential-
form

$$x + i(y - a) = r_1 e^{i\varphi_1} \quad \text{und} \quad x + i(y + a) = r_2 e^{i\varphi_2},$$

ferner $\varphi_1 = \arctan \dfrac{y - a}{x}$ sowie $\varphi_2 = \arctan \dfrac{y + a}{x}$

und Beachtung der Logarithmengesetze kommt

$$F(z) = u_\infty(x + iy) + \frac{E}{2\pi}\left[\ln\sqrt{\{x^2 + (y-a)^2\}\{x^2 + (y+a)^2\}} + i\varphi_1 + i\varphi_2\right] \quad (8)$$

und geordnet nach Real- und Imaginärteil

$$F(z) = \underbrace{u_\infty x + \frac{E}{2\pi}\left[\ln\sqrt{(x^2+a^2-y^2)^2 + 4x^2y^2}\right]}_{\Phi} + \underbrace{i\left[u_\infty y + \frac{E}{2\pi}\left(\arctan\frac{y-a}{x} + \arctan\frac{y+a}{x}\right)\right]}_{i\Psi} \quad (9)$$

Die Summe der Arcus-Funktionen in (9) ergibt (Math. Formelsammlung)

$$\arctan \frac{2xy}{x^2 - y^2 + a^2} \quad (10)$$

Damit findet man abschliessend aus (9) mit (10) die Funktionen

$$\Phi = u_\infty x + \frac{E}{2\pi}\left[\ln\sqrt{(x^2 + a^2 - y^2)^2 + 4x^2y^2}\right] \quad (11)$$

$$\Psi = u_\infty y + \frac{E}{2\pi} \arctan \frac{2xy}{x^2 - y^2 + a^2} \quad (12)$$

c) Führt man in (11) und (12) $u_\infty = E/2\pi a$ ein, dann lautet

$$\Phi = \frac{E}{2\pi}\left[\frac{x}{a} + \ln\sqrt{(x^2 - y^2 + a^2)^2 + 4x^2y^2}\right] \quad (13)$$

und

$$\Psi = \frac{E}{2\pi}\left[\frac{y}{a} + \arctan \frac{2xy}{x^2 - y^2 + a^2}\right] \quad (14)$$

Aus (16) folgt für die <u>Staustromlinie</u>

$$\Psi = 0 = \frac{y}{a} + \arctan \frac{2xy}{x^2 - y^2 + a^2}$$

Daraus gewinnt man

$$\tan \frac{y}{a} + \frac{2xy}{x^2 - y^2 + a^2} = 0 \qquad (15)$$

d) Im <u>Staupunkt</u> $S(x=x_o; y=y_o=0)$ (Bild 4.30) lautet die Stromfunktion (13)

$$\Phi = \frac{E}{2\pi}\left\{\frac{x}{a} + \ln\sqrt{(x^2+a^2)^2}\right\} \qquad (16)$$

Die Strömungsgeschwindigkeit in S ist $u = 0$, also mit (16)

$$\frac{\partial \Phi}{\partial x} = u = 0 = \frac{E}{2\pi}\left\{\frac{1}{a} + \frac{2x}{x^2+a^2}\right\} \qquad (17)$$

S liegt damit in $\qquad \underline{x = x_o = -a} \qquad (18)$

e) Zur <u>Dicke D des Halbkörpers</u>:

Die Ergiebigkeit je Längeneinheit der beiden Quellen beträgt 2E.

2E ist auch das stromabwärts in $x = \infty$ im Innern des Halbkörpers mit der Dicke D strömende Volumen, das dort die Geschwindigkeit $c = u_\infty$ annimmt.

Für die Kontinuität lässt sich damit setzen

$$2E = u_\infty D$$

Hieraus folgt $\qquad D = 2E/u_\infty \qquad (19)$

Bei vorliegender Strömung war $u_\infty = E/2\pi a$ vorausgesetzt. Somit erhält (19) den Wert

$$\underline{D = 4\pi a} \qquad (20)$$

f) Wir konstruieren zunächst das <u>Stromlinienbild</u> des Quell-Paares (Bild 4.28, das vereinfacht bereits in Bild 3.2b angegeben wurde) in Anlehnung an Aufgabe 1 in 4.3.

Von den Punkten (0,+a) und (0,-a) ausgehend zeichnet man die

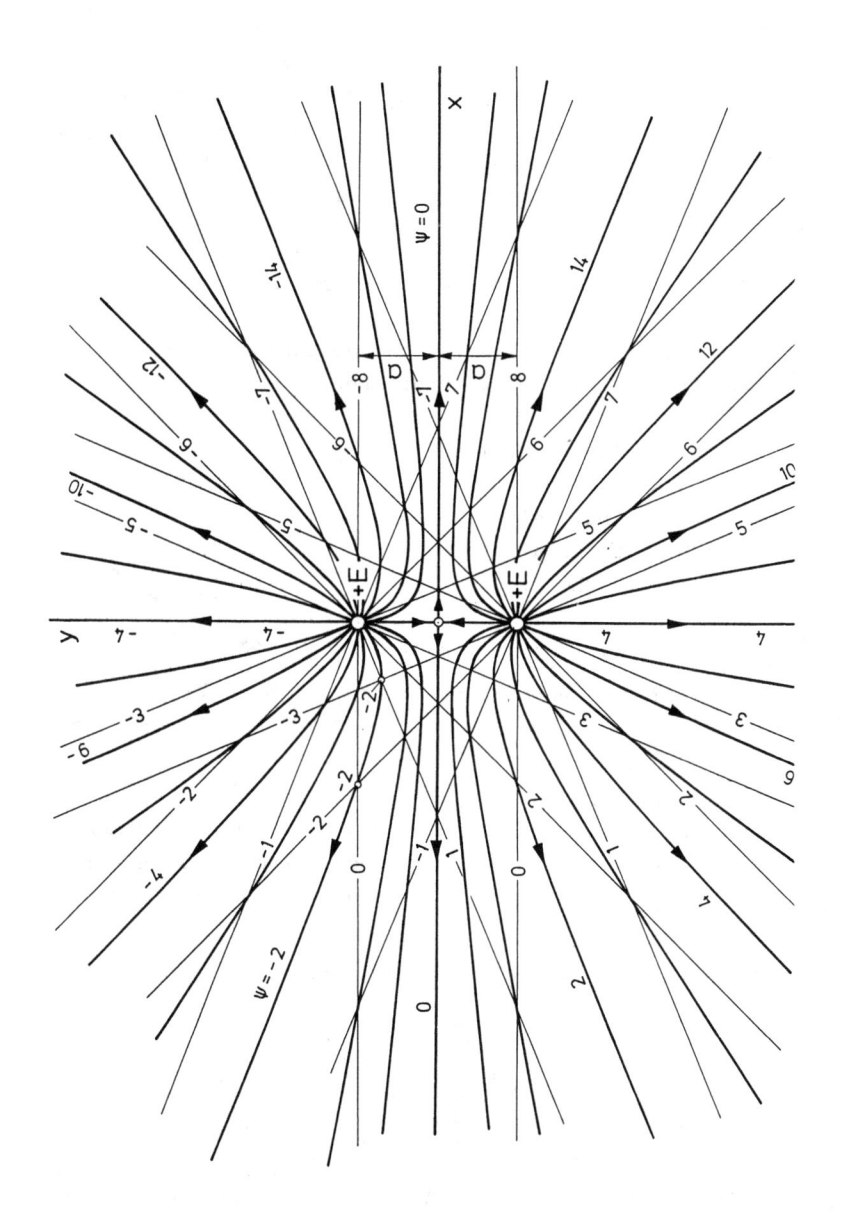

Bild 4.28 Stromlinienbild eines Quell-Paares auf der y-Achse

Strahlenbüschel, welche Stromlinien jeder Quelle darstellen. Wir wählen beispielsweise für beide Quellergiebigkeiten E je 16 gleichmässig verteilte Stromlinien. Die einzelnen Stromlinien werden wie aus Bild 4.28 ersichtlich nummeriert. Kreuzungspunkte gleicher Zahlensumme (Zum Beispiel eingetragene Punkte für $\Psi = -2$) sind wiederum Stromlinien der resultierenden Strömung. Wie ersichtlich, fällt die Nullstromlinie mit der x-Achse zusammen. Damit ist das Stromlinienbild des Quell-Paares bestimmt.

Nun wird dem Quell-Paar die vorgeschriebene Parallelströmung überlagert.

Durch die Bedingung $u_\infty = E/2\pi a$ ist der Abstand der Stromlinien der Parallelströmung wie folgt vorgegeben:

Im Radius a um eine ebene Quelle mit der Ergiebigkeit E beträgt die Strömungsgeschwindigkeit $c_r = E/2\pi a$ (Bild 4.29). $2\pi a$ ist die Zylindermantelfläche je Längeneinheit.

Im Querschnitt b·1m ist somit $c_r = u_\infty$ und entspricht demnach der Anströmgeschwindigkeit.

Daraus folgt:
Der in die Konstruktion einzuführende Stromlinienabstand der Parallelströmung ist gerade b.

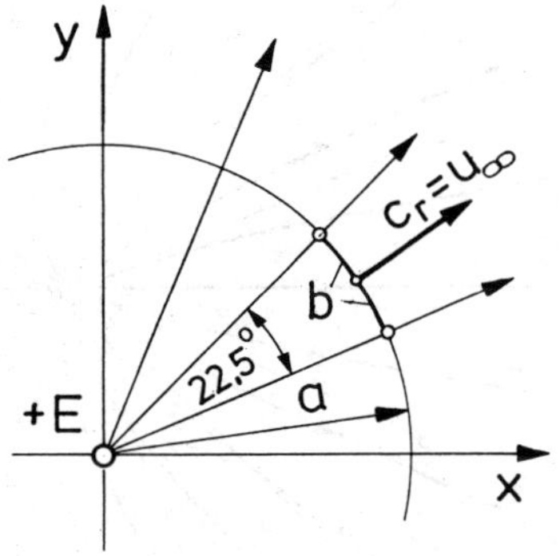

Bild 4.29 Quellströmung Radialgeschwindigkeit im Radius a ist $c_r = E/2\pi a$

Mit dem angenommenen Abstand a = 30 mm und 16 Stromlinien je Quelle wird

$$b = \frac{2\pi a}{16} = \frac{2\cdot\pi\cdot 30}{16} = 11{,}78 \text{ mm}.$$

Mit der in Bild 4.30 eingeführten Bezifferung der Parallelströmung und dem vorhin bestimmten Stromlinienbild des Quellpaares (Bild 4.28) ergibt sich das gesuchte resultierende Stromlinienbild abermals aus der Verbindung der Kreuzungspunkte mit gleicher Summe (Als Beispiel sind Punkte $\Psi = 3$ markiert).

Man erkennt aus dem Bild die vollständig innerhalb der Null-

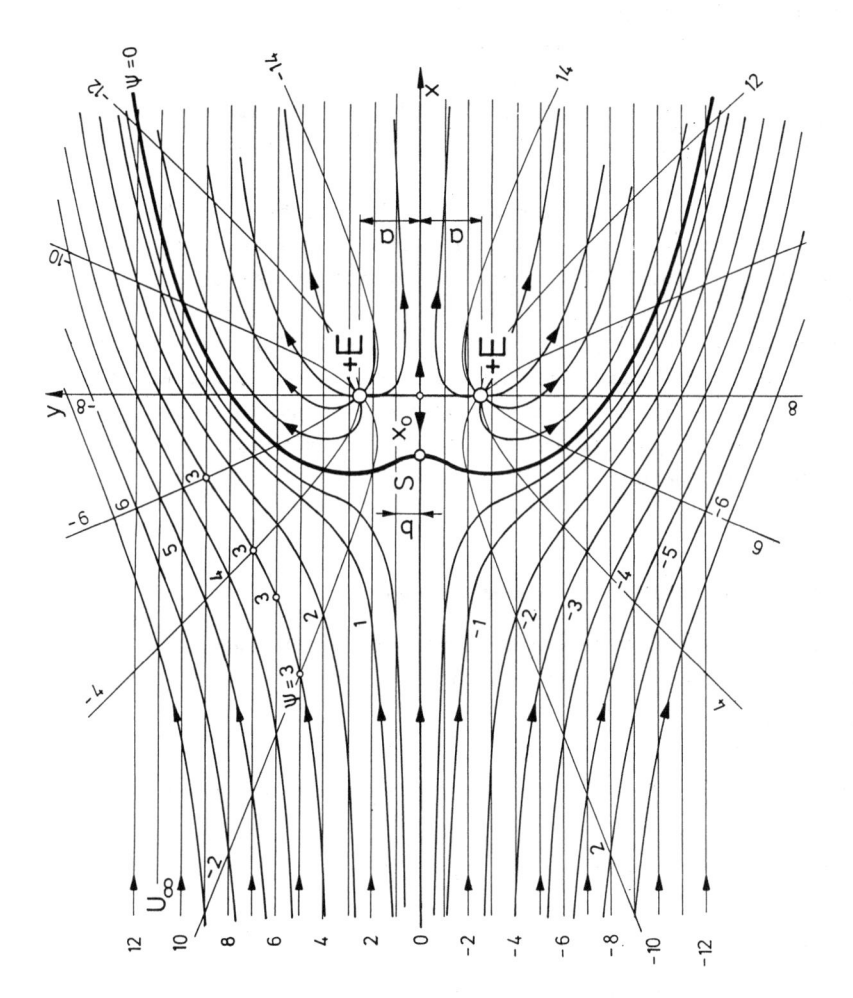

Bild 4.30 Ebener Halbkörper mit Einbeulung. Stromlinienbild eines in x-Richtung mit der Geschwindigkeit u_∞ angeströmten Quell-Paares der Stärke +E

stromlinie $\Psi = 0$ fliessende vom Quell-Paar herrührende Flüssigkeitsmenge 2E.

Die Parallelströmung teilt sich im Scheitel S (Staupunkt). Die von dort nach oben und unten ausgehende Stromlinienfläche lässt sich als festen Körper (Halbkörper, einseitig unendlich lang, Dicke D = $4\pi a$ am Ende) auffassen.

Eine Besonderheit des vorliegenden Körpers ist die Einbeulung (Tabelle 1.3f, Halbkörper mit Einbeulung) im Staupunktbereich.

Wird die Anströmgeschwindigkeit $u_\infty < E/2\pi a$ gewählt, so bildet sich die Einbeulung mehr und mehr zurück und verschwindet schliesslich (Tabelle 1.3e, Halbkörper mit Abplattung).

Wird anderseits $u_\infty > E/2\pi a$, so führt dies schliesslich zu einer Durchtrennung der zusammenhängenden Körperstromlinie. Es bilden sich zwei Halbkörper. Die entstehende resultierende Strömung kann dann beispielsweise als Einlaufströmung einer ebenen Düse angesehen werden.

Aufgabe 6 (Tabelle 1.3a und Bild 4.31) **Kreiszylinderumströmung**

Ein Kreiszylinder vom Radius R wird mit der Geschwindigkeit u_∞ angeströmt. Das Fluid hat die konstante Dichte ρ.

Gesucht sind:

a) Potential- und Stromfunktion in Polar- und Kartesischen Koordinaten

b) Strömungsgeschwindigkeiten c_r, c_φ, u und v der Kreiszylinderumströmung

c) Druckverteilung am Kreiszylinder

d) Konstruktion des Stromlinienbildes.
   Stärke der Parallelströmung und des Dipols nach freier Wahl

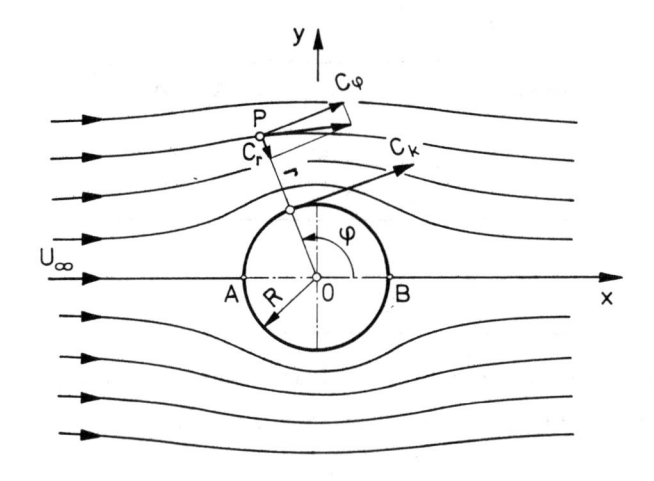

Bild 4.31 Potentialströmung um den Kreiszylinder

Lösung:

a) Die Kreiszylinderumströmung entsteht durch Superposition ei - nes Dipols mit einem Parallelstrom (Bild 3.1a).

Wir setzen die Φ - und Ψ - Funktionen der Einzelströmungen von Tabelle 1.2 zusammen und führen nach den in Tabelle 1.3 angegebenen Wert für das Dipolmoment M ein.

In <u>Polarkoordinaten</u> ausgedrückt folgt daraus:

<u>Potentialfunktion</u>
$$\Phi = u_\infty r \, \cos\varphi (1 + \frac{R^2}{r^2}) \tag{1}$$

<u>Stromfunktion</u>
$$\Psi = u_\infty r \, \sin\varphi (1 - \frac{R^2}{r^2}) \tag{2}$$

Wenn wir <u>Kartesische Koordinaten</u> verwenden, ist in (1) $r \cos\varphi = x$, in (2) $r \sin\varphi = v$ zu setzen.

b) Die <u>Geschwindigkeitskomponenten</u> sind
$$c_r = \frac{\partial \Phi}{\partial r} = u_\infty \cos\varphi (1 - \frac{R^2}{r^2}) \tag{3}$$

$$c_\varphi = \frac{1}{r}\frac{\partial \Phi}{\partial \varphi} = -u_\infty \sin\varphi (1 + \frac{R^2}{r^2}) \qquad (4)$$

Mit $x = r\cos\varphi$ und $y = r\sin\varphi$ in (1) bzw. (2) kommt

$$u = -\frac{\partial \Phi}{\partial x} = u_\infty (1 + \frac{R^2}{x^2+y^2} - \frac{2R^2 x^2}{(x^2+y^2)^2}) \qquad (5)$$

$$v = -\frac{\partial \Phi}{\partial y} = \frac{-2xy u_\infty R^2}{(x^2+y^2)^2} \qquad (6)$$

An der Zylinderkontur $r = R$ folgt nach (3) $c_r(R) = 0$
Die Tangentialkomponente (4) beträgt dort

$$c_\varphi = c_k = -2u_\infty \sin\varphi$$

Bei Berücksichtigung der effektiven Strömungsrichtung gilt an der Kontur

$$|c_k| = 2 u_\infty \sin\varphi \qquad (7)$$

bzw. $c_k / u_\infty = 2 \sin\varphi \qquad (8)$

c) Aus der Bernoulli-Gl. $p_\infty + \frac{\rho}{2}u_\infty^2 = p + \frac{\rho}{2}c_k^2$ folgt wegen (7)

$$\Delta p = p - p_\infty = \frac{\rho}{2}u_\infty^2 (1 - 4\sin^2\varphi) \qquad (9)$$

Führt man den __Druckbeiwert__ $c_p = \dfrac{\Delta p}{\frac{\rho}{2}u_\infty^2} = \dfrac{\Delta p}{q}$ ein, so ergibt

sich mit (9) schliesslich

$$c_p = 1 - 4\sin^2\varphi \qquad (10)$$

Bild 4.32 veranschaulicht den Δp-Verlauf,
Bild 4.33 die c_p- und c_k/u_∞- Werte entlang der Zylinderoberfläche.

d) __Stromlinien__, Bild 4.34

Wir superponieren den Dipol mit einem Parallelstrom und treffen dazu folgende willkürliche Annahmen:

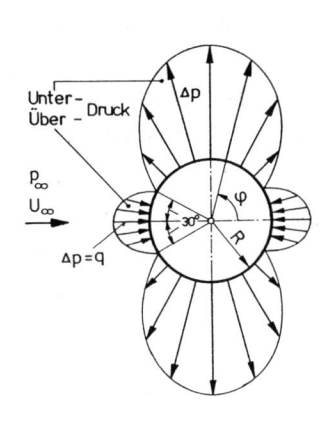

Bild 4.32 Druckverteilung
Δp am Kreiszylinder

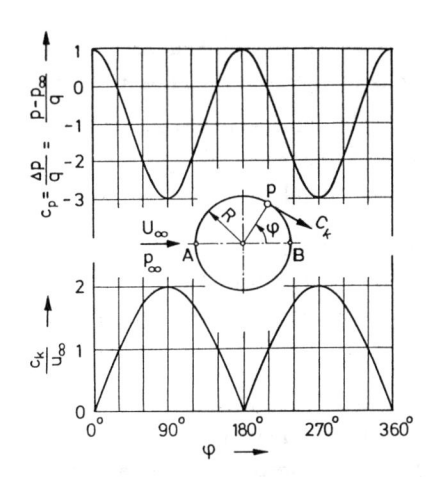

Bild 4.33 Druckbeiwert c_p und Geschwindigkeitsverhältnis c_k/u_∞ am Kreiszylinder

Für die Parallelströmung als Geradenschar parallel zur x-Achse wählen wir von Stromlinie zu Stromlinie beispielsweise den Abstand 12 mm $\hat{=}$ $\Delta\Psi_p$.

Die Stromlinien des Dipols sind Kreise (Tabelle 1.2), welche die x-Achse im Ursprung als Kreisbüschel tangieren.
Die den einzelnen Stromlinien zugehörigen Durchmesser verhalten sich wie

$$\frac{D_1}{D_2} = \frac{\Psi_2}{\Psi_1} \qquad (11)$$

worin $\Psi_1 = \Psi_2 + \Delta\Psi_D$

Die Abhängigkeit (11) hat ihren Grund in der Beziehung

$\Psi = -M/(2\pi r)\sin\varphi$ (Tabelle 1.2) und der Kreisbeziehung

$\sin\varphi/r = 1/D$ (Thales-Kreis). Hieraus ergibt sich $D = |M/(2\pi\Psi)|$, was auf (11) führt.

Wir wählen als Stromfunktionsdifferenz $\Delta\Psi_D = -1$ und für den grössten Kreis den Ø 162 mm, dann messen die kleineren Kreise Ø81 bzw. Ø54 mm.

Das weitere konstruktive Vorgehen ist dasselbe, wie in den vorangehenden Stromlinienentwürfen dargestellt.

In den Schnittpunkten der überlagerten Stromlinien erhält man durch Addition die Ψ-Werte der Gesamtströmung. Die Verbindung der Schnittpunkte mit gleicher Zahlensumme sind Stromlinien.

Es zeigt sich, dass die in der Parallelströmung transportierte Flüssigkeit vom Flüssigkeitsstrom des Dipols durch die geschlossene kräftig ausgezogene Grenzstromlinie Ψ = 0 getrennt wird. Sie hat die Form eines Kreises (Gl. 2, r = R).

Mit den gewählten Annahmen ergibt sich zeichnerisch ein Kreisdurchmesser von 88 mm.
Man kann somit die derart entwickelte äussere Strömung als Umströmung eines Kreiszylinders auffassen.

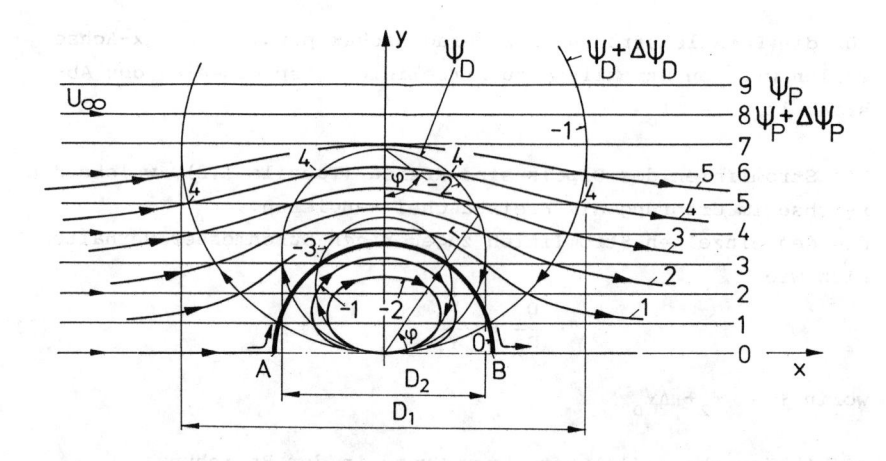

Bild 4.34 Entwurf des Stromlinienbildes der Kreiszylinderumströmung

Aufgabe 7 (Bild 4.31)

Ein Kreiszylinder mit dem Radius R wird mit der Geschwindigkeit u_∞ angeströmt. Vom Staupunkt S bzw. A aus (wo die Geschwindigkeit an der Kontur $c_k = 0$ ist), wächst die Strömungsgeschwindigkeit c_k entlang der Kontur in der nahen Umgebung des Staupunktes etwa <u>linear</u> mit dem Strömungsweg.

a) Man weise diesen Sachverhalt nach

b) Welche bekannte Strömung hat eine exakt lineare Geschwindigkeitszunahme vom Staupunkt aus entlang der Wand?

Lösung:

a) Die Potentialfunktion der Kreiszylinderströmung ist nach (1) in Aufgabe 6

$$\Phi(x,y) = u_\infty x \left(1 + \frac{R^2}{x^2 + y^2}\right)$$

Hieraus folgt die Geschwindigkeitskomponente

$$v = \frac{\partial \Phi}{\partial y} = \frac{-2xy u_\infty R^2}{(x^2 + y^2)^2} \tag{1}$$

An der Kontur ist

$x^2 + y^2 = R^2$

(Bild 4.35)

<u>Nahe</u> am Staupunkt S gilt (2)

$x \approx -R, \quad v \approx c_k$
$y \ll R$

Mit den Befunden (2) in (1) erhält man

$$c_k \approx v \approx \frac{-2(-R)y u_\infty R^2}{R^4}$$

Damit wird

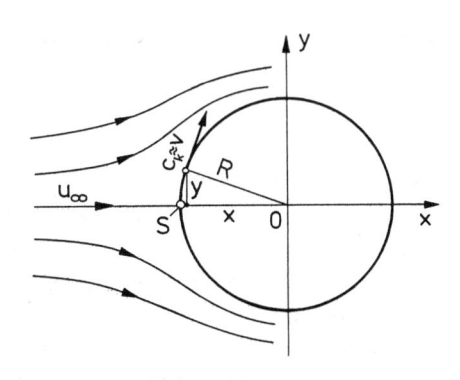

Bild 4.35 Staupunktnahe Umströmung des Kreiszylinders

$$c_k = \frac{2 u_\infty}{R} y = \underline{K\, y}$$

Hieraus ist der angenähert lineare Zusammenhang zwischen c_k und y als Lauflänge in der nahen Umgebung des Staupuktes ersichtlich.

b) Die <u>ebene Staupunktströmung</u> (Bild 4.36) als Vergleich zur staupunktnahen Zylinderströmung hat bei der gewählten Lage das Potential

$$\Phi(x,y) = \frac{a}{2}(y^2 - x^2)$$

Daraus folgt die bekannte lineare Geschwindigkeitsentwicklung entlang der Wand (oder allg. in y-Richtung)

$$v = \frac{\partial \Phi}{\partial y} = ay$$

(worin a eine reelle Grösse ist).

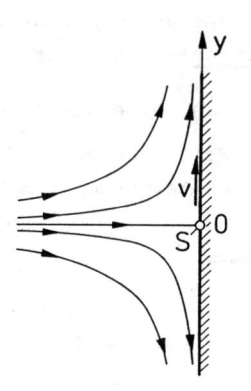

Bild 4.36
Ebene Staupunktströmung

Aufgabe 8 (Tabelle 1.3b und Bild 4.37) **Zirkulatorische Kreiszylinderumströmung**

Einer Kreiszylinderumströmung wird ein Potentialwirbel überlagert (Bild 3.1b).

Man ermittle die/den

a) Potentialfunktion
b) Geschwindigkeitsverteilung am Zylinder
c) Lage der Staupunkte
d) Druckverteilung an der Zylinderkontur
e) Auftriebskraft
f) Zusammenhang der Auftriebskraft mit dem Satz von Kutta-Joukowski
g) Konstruktion des Stromlinienbildes, ausgehend von einer vorliegenden Kreiszylinderumströmung

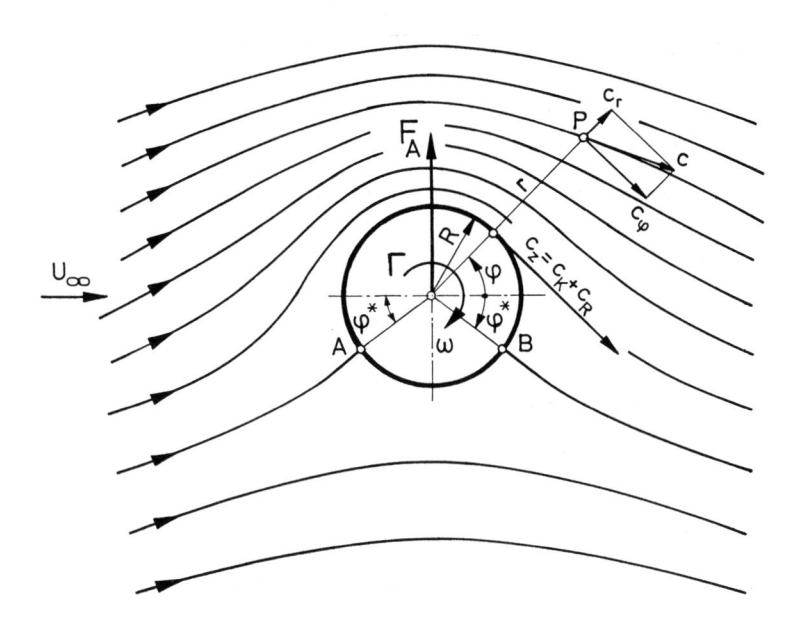

Bild 4.37 Kreiszylinderumströmung mit Zirkulation

Lösung:

a) Ueberlagerungsprinzip der Potentialfunktionen:

Kreiszylinderumströmung (Index z). Aufgabe 6 bzw. Tabelle 1.3

$$\Phi_z = u_\infty r \cos\varphi (1 + \frac{R^2}{r^2}) \tag{1}$$

Potentialwirbel (Index p), Tabelle 1.2

$$\Phi_p = - \frac{\Gamma}{2\pi} \varphi \tag{2}$$

Am Potentialwirbel gilt $\Gamma = 2\pi r c = 2\pi R c_R$ = konstant. Für die Strömungsgeschwindigkeit im Potentialwirbel am Zylinderradius R setzen wir im folgenden $c_R = \omega R$.

Damit kann man für (2) auch schreiben

$$\Phi_p = - \omega \varphi R^2 \tag{3}$$

Das Gesamtpotential als Summe von (1) und (3) ergibt somit

$$\Phi_z + \Phi_p = = u_\infty r \cos\varphi(1 + \frac{R^2}{r^2}) - \omega\varphi R^2 \qquad (4)$$

b) Ueberlagerungsprinzip der Geschwindigkeiten:

Im Stromfeld des Kreiszylinders gilt

$$c_\varphi = \frac{1}{r}\frac{\partial \Phi_z}{\partial \varphi} = - u_\infty \sin\varphi(1 + \frac{R^2}{r^2}) \qquad (5)$$

An der Zylinderkontur gilt $r = R$; $c_\varphi(R) = c_k$.
Hieraus folgt mit (5)

$$c_k = - 2 u_\infty \sin\varphi \qquad (6)$$

Im Stromfeld des Potentialwirbels hat man aus (4)

$$c_\varphi = \frac{1}{r}\frac{\partial \Phi_p}{\partial \varphi} = -\frac{1}{r}\omega R^2 \qquad (7)$$

und damit im Radius $r = R$

$$c_R = - \omega R \qquad (8)$$

Aus (6) und (8) erhält man nun für die resultierende Geschwindigkeit an der Zylinderkontur in $r = R$

$$c_z = c_R + c_k = \left| - 2 u_\infty \sin\varphi - \omega R \right| \qquad (9)$$

c_z als Betrag von (9) gilt für die tatsächlich vorhandene Umströmungsrichtung.

c) In den Staupunkten A und B ist $c_z = 0$. Aus (9) erhalten wir dafür

$$c_z = 0 = - 2 u_\infty \sin\varphi^* - \omega R$$

und damit den die Staupunktlage beschreibenden Winkel

$$\varphi^* = \arcsin(-\frac{\omega R}{2 u_\infty}) \qquad (10)$$

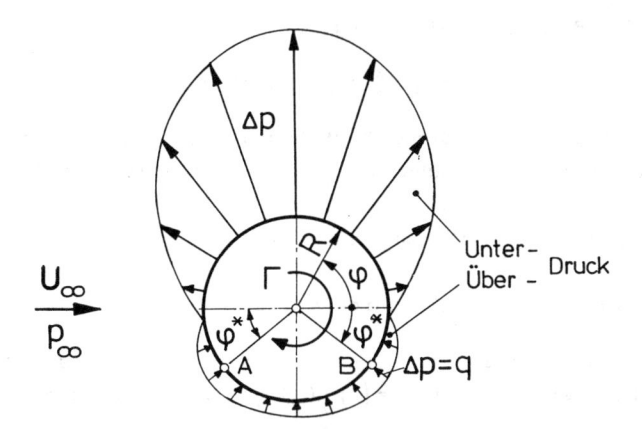

Bild 4.38 Potentialtheoretische Druckverteilung an der zirkulatorischen Kreiszylinderströmung

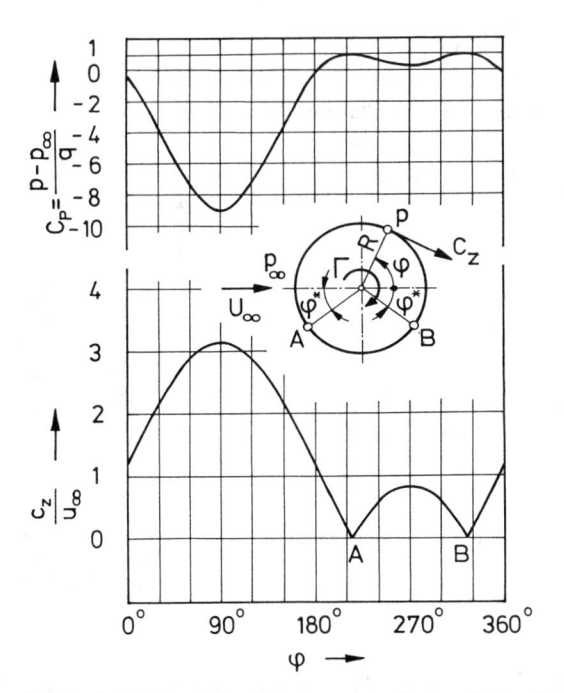

Bild 4.39 Druckbeiwert c_p und Geschwindigkeitsverhältnis c_z/u_∞ an der zirkulatorischen Kreiszylinderströmung

d) Aus der Bernoulli-Gleichung

$$p_\infty + \frac{\rho}{2} u_\infty^2 = p + \frac{\rho}{2} c_z^2$$

vom Ort der ungestörten Zuströmung bis an die Zylinderkontur (Druck $p = p_z$, Geschwindigkeit c_z nach (9)) folgt

$$\Delta p = p - p_\infty = \frac{\rho}{2}(u_\infty^2 - 4u_\infty^2\sin^2\varphi - 4u_\infty\sin\varphi\,\omega R - \omega^2 R^2) \qquad (11)$$

In Bild 4.38 ist (11) dargestellt.

Führt man in (11) den Winkel φ^* nach (10) ein sowie den Druckbeiwert $c_p = \Delta p/q = \bigl(\Delta p/(\rho/2)\bigr)u_\infty^2$, so erhalten wir für die

Druckverteilung $\underline{c_p = 1 - 4(\sin^2\varphi + 2\sin\varphi\sin\varphi^* + \sin^2\varphi^*)}$, (12)

dargestellt in Bild 4.39.

e) <u>Auftriebskraft</u> F_A (Bild 4.37)

Ausgehend von (11) und Bild 4.40 wird am Kreiszylinder mit der Länge ℓ (senkrecht zur Bildebene) bei Beachtung der Vorzeichen der Δp-Zonen (Bild 4.38 und 4.39)

$$F_A = -\ell \int_0^{2\pi} \Delta p \, \sin\varphi \, R \, d\varphi \qquad (13)$$

Setzt man in (13) den Ausdruck (11) ein, so geht diese Formel über in

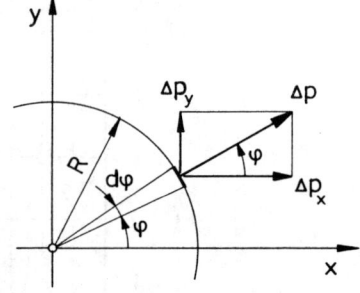

Bild 4.40 Zur Berechnung der Auftriebskraft am zirkulatorisch umströmten Kreiszylinder

$$F_A = -\frac{\rho R \ell}{2}\left[u_\infty^2 \int_0^{2\pi}\sin\varphi\,d\varphi - 4u_\infty^2\int_0^{2\pi}\sin^3\varphi\,d\varphi - 4u_\infty\omega R\int_0^{2\pi}\sin^2\varphi\,d\varphi - \omega^2 R^2\int_0^{2\pi}\sin\varphi\,d\varphi\right] \quad (14)$$

In (14) ergeben die Terme mit den Integralen der ungeraden Funktionen $\sin\varphi$ und $\sin^3\varphi$ Null. Es verbleibt

$$\int_0^{2\pi} \sin^2\varphi \, d\varphi = \pi$$

und damit nimmt die Auftriebskraft folgenden Wert an:

$$\underline{F_A = \frac{\rho \ell R}{2} \cdot 4 \, u_\infty \, \omega \, R \, \pi} = \underline{2 \, \rho \ell \pi \, \omega \, u_\infty R^2} \tag{15}$$

f) Wenn wir in (15) die Zirkulation $\Gamma = 2\pi R \, c_R = 2\pi \omega R^2$ beiziehen, so erhält man die Form

$$\underline{F_A = \rho \, \ell \, u_\infty \, \Gamma} \tag{16}$$

Dies ist der bekannte Auftriebssatz von Kutta-Joukowski.

Bemerkung:

Im Zusammenhang mit der in e) berechneten Auftriebskraft steht die beobachtete Kraftwirkung an einem seitlich angeströmten rotierenden Zylinder.

Ein um seine Achse rotierender Zylinder erfährt in einer Parallelströmung etwa eine Auftriebskraft F_A, wie wir sie geschildert haben. Diese Erscheinung wird nach ihrem Entdecker Magnus-Effekt genannt.

Die Erklärung dieses Effektes in der Strömung mit Reibung liefert die Grenzschichttheorie. Unter der Wirkung der Reibung an der Zylinderoberfläche wird das wandnahe Medium (Grenzschicht) am rotierenden Zylinder in zirkulatorische Bewegung gebracht, die etwa (vereinfachend) der eines Potentialwirbels entspricht.

Zusammen mit der Parallelströmung entsteht dann durch Ueberlagerung eine der potentialtheoretischen ähnliche unsymmetrische Zylinderumströmung.

Praktisch bedeutende Auswirkungen zeigt der Magnus-Effekt bei rotierenden Geschossen, Tennisbällen und dgl.

Zahlenbeispiel zu F_A, φ^* und charakteristische Werte bei $\varphi = 90°$

Gegeben: $R = 0,5\,m$; $\ell = 5\,m$; $u_\infty = 40\,m/s$; $\rho = 1,2\,kg/m^3$;

$\Gamma = 145,9\,m^2/s$; $\omega = 92,88\,1/s = \Gamma/2\pi R^2$

Gesucht: Auftriebskraft F_A, φ^*, Δp, $\Delta p/q$, c_z, c_z/u_∞

Lösung:
Mit (10) ergibt sich die **Lage der Staupunkte**

$$\varphi^* = \arcsin(-\frac{92,88 \cdot 0,5}{2 \cdot 40}) = \underline{33,27°}$$

Aus (11) folgt der **grösste Unterdruck** bei $\varphi = 90°$

$$\Delta p = \frac{1,2}{2}(40^2 - 4 \cdot 40^2 - 4 \cdot 40 \cdot 92,88 \cdot 0,5 - 92,88^2 \cdot 0,5^2) = \underline{-8634\,Pa}$$

$$c_p = \frac{\Delta p}{q} = \frac{-8634}{\frac{1,2}{2}40^2} = \underline{-8,994}$$

Mit (9) ergibt sich die **grösste Strömungsgeschwindigkeit** c_z bei $\varphi = 90°$. Man erhält

$c_z = |-2 \cdot 40 + 92,88 \cdot 0,5| = \underline{126,45\,m/s}$ und damit das Geschwindigkeitsverhältnis $c_z/u_\infty = 126,45/40 = \underline{3,162}$

Schliesslich die **Auftriebskraft** F_A aus (16)

$F_A = 1,2 \cdot 5 \cdot 40 \cdot 145,9 = \underline{35,0\,kN}$

g) Bild 4.41 **Konstruktion des Stromlinienbildes**

Wir überlagern zum Beispiel das Stromlinienbild 4.34 des umströmten Zylinders mit dem Stromlinienbild eines Potentialwirbels.

Auch hier sind Stromlinienbilder mit gleicher Stromfunktionsänderung $\Delta\Psi$ von einer zur andern Stromlinie zweckmässig.

Der Entwurf einer Kreiszylinderströmung mit konstantem $\Delta\Psi_z$ wurde in der vorangehenden Aufgabe 6 dieses Abschnittes behandelt. Man

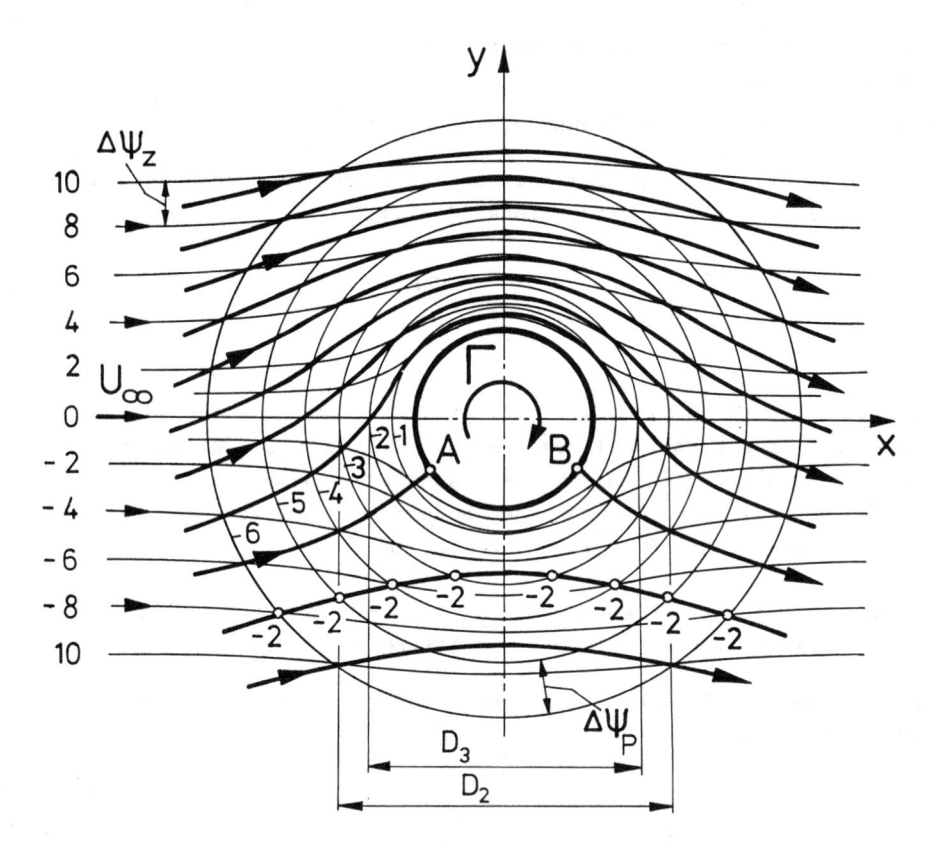

Bild 4.41 Kreiszylinderumströmung mit Zirkulation

kann übrigens den Verlauf der Stromlinien der Zylinderumströmung auch leicht berechnen. Der dazu notwendige Zusammenhang ist in der Tabelle 1.3 angegeben.

An einer Stromlinie gilt $\Psi = (r/R - R/r)\sin\varphi$ = konstant. Aus dieser Beziehung kann man für verschiedene Winkel φ bei Annahme eines Zylinderradius R und eines konstanten Ψ-Wertes die dazu passenden Radien r längs einer Stromlinie bestimmen und die Rechnung für andere Werte von Ψ wiederholen.

Zur Konstruktion des Stromlinienbildes eines Potentialwirbels müssen die Durchmesser der einzelnen konzentrischen Stromlinien berechnet werden.

Man geht aus von der Beziehung $\Psi = \dfrac{\Gamma}{2\pi} \ln r$ (Tabelle 1.2)

und erhält daraus das Durchmesserverhältnis zweier benachbarter Stromlinien für die Stromfunktionsänderung $\Delta\Psi_p$.

So wird zum Beispiel
$$\dfrac{D_3}{D_2} = \exp(\Delta\Psi_p \dfrac{2\pi}{\Gamma}) \qquad (17)$$

worin $\Delta\Psi_p = \Psi_3 - \Psi_2$.

Wir wollen vom Strombild 4.34 ausgehen. Im Hinblick auf eine nicht zu grosse Konstruktionszeichnung wählen wir den Zylinderdurchmesser aber nur halb so gross, also 2R = 44 mm. Unter Anwendung von (17) kann man dann den Potentialwirbel mit den Kreisdurchmessern 55, 65, 81, 98, 119 und 146 mm darstellen.

Aus der Ueberlagerung gehen wiederum Schnittpunkte hervor, welche wie bekann Punkte des neuen resultierenden Strombildes sind.

Die zirkulatorische Kreiszylinderumströmung ist damit zeichnerisch bestimmt.

Aufgabe 9 (Bild 3.3a und 4.44) Rotationssymmetrischer Halbkörper

Beispiel einer räumlichen drehsymmetrischen Strömung

<u>Einführende Begriffe und Voraussetzungen</u>

Wird eine räumliche Quellströmung +E (Bild 3.3a und 4.42) mit einer Parallelströmung u_∞ in x-Richtung überlagert, so entsteht eine geschlossene Stromlinie, welche als Kontur eines vorn abgerundeten und nach hinten offen verlaufenden Körpers aufgefasst werden kann (Bild 4.43 und 4.44). Bild 4.45 zeigt die dazu gewählten Zylinderkoordinaten.

Der vordere Teil dieser Kontur gleicht den in der Praxis häufig vorkommenden Nabenkörper, wie sie bei Strömungsmaschinen (Zum Beispiel Einlaufnabe eines Gebläses) verwendet werden.

Für die rotationssymmetrische Parallelströmung gilt:

Potential $\quad\Phi_p = u_\infty x$ (1)

Stromfunktion $\quad\Psi_p = u_\infty \dfrac{r^2}{2}$ (2)

Beziehungen der räumlichen Quellströmung (Punktquelle):

Von dieser geht nach aussen strahlenförmig in einen Kugelraum eine gleichmässige Strömung (Bild 3.3a und 4.42).

Folgende Funktionen beschreiben diese Strömung:

Potential

$$\Phi_Q = -\frac{E}{4\pi}\frac{1}{\sqrt{r^2+x^2}} \quad (3)$$

Stromfunktion

$$\Psi_Q = -\frac{E}{4\pi}\frac{x}{\sqrt{r^2+x^2}} \quad (4)$$

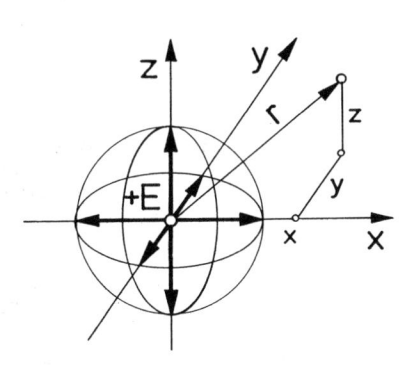

Bild 4.42 Räumliche Quelle

Rotationssymmetrischer Halbkörper (Bild 4.43)

Durch die Ueberlagerung der räumlichen Parallelströmung und der Punktquelle ergeben sich nachstehende Zusammenhänge:

Potentialfunktion $\quad\Phi = \Phi_p + \Phi_Q = u_\infty x - \dfrac{E}{4\pi}\dfrac{1}{\sqrt{r^2+x^2}}$ (5)

Stromfunktion $\quad\Psi = \Psi_p + \Psi_Q = u_\infty \dfrac{r^2}{2} - \dfrac{E}{4\pi}\dfrac{x}{\sqrt{r^2+x^2}}$ (6)

Die Kontur f(x,y) ist gegeben durch

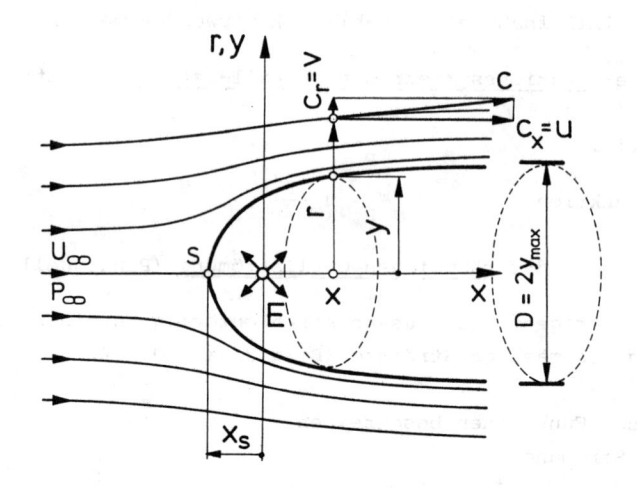

Bild 4.43 Rotationssymmetrischer Halbkörper,
entstanden aus
Parallelströmung und Punktquelle

$$x = \frac{2y^2 - y_{max}^2}{2\sqrt{y_{max}^2 - y^2}} \qquad (7)$$

Zu bestimmen sind:

a) Geschwindigkeitskomponenten u und v im Stromfeld

b) Resultierende Geschwindigkeit c(r,x)

c) Grösste Dicke $D = 2 y_{max}$

d) Strömungsgeschwindigkeit c(x,y) an der Körperkontur

e) Lage des Staupunktes $S(x_s,0)$

f) Druckverteilung im Stromfeld p(r,x)

g) Druckverteilung p(x,y) entlang der Körperkontur und

Druckverlauf $c_p = \dfrac{p - p_\infty}{\dfrac{\rho}{2} u_\infty^2}$

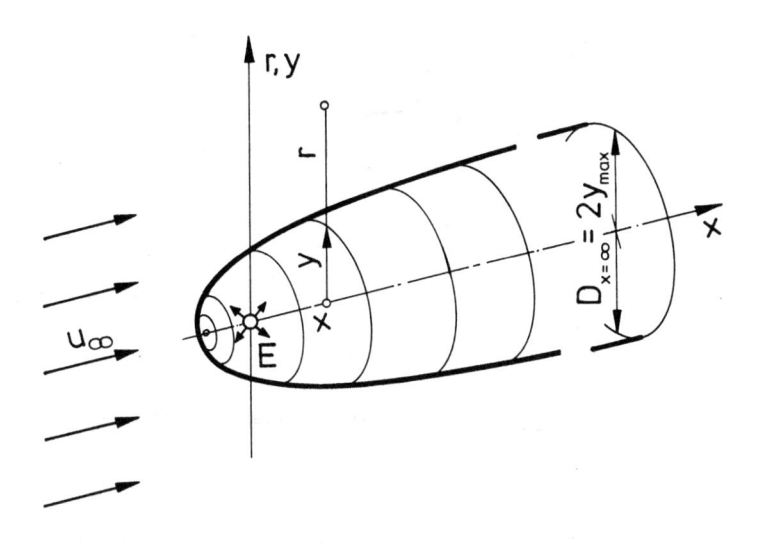

Bild 4.44 Form des rotationssymmetrischen Halbkörpers

Lösung:

a) Beizug von (5) oder (6) führt auf die <u>Geschwindigkeitskomponenten</u>

$$c_r = v = \frac{\partial \Phi}{\partial r} = -\frac{1}{r}\frac{\partial \Psi}{\partial x} = \frac{E}{4\pi}\frac{r}{(x^2+r^2)^{3/2}} = \frac{u_\infty D^2}{16}\frac{r}{(x^2+r^2)^{3/2}} \quad (8)$$

$$c_x = u = \frac{\partial \Phi}{\partial x} = \frac{1}{r}\frac{\partial \Psi}{\partial r} = u_\infty + \frac{E}{4\pi}\frac{x}{(x^2+r^2)^{3/2}} = u_\infty \left\{ 1 + \frac{x(\frac{D}{2})^2}{4(x^2+r^2)^{3/2}} \right\} \quad (9)$$

b) <u>Resultierende Strömungsgeschwindigkeit</u> im Stromfeld

$$c = \sqrt{u^2+v^2} = \sqrt{(\frac{E}{4\pi})^2 \frac{1}{(x^2+r^2)^2} + u_\infty \frac{E}{2\pi}\frac{x}{(x^2+r^2)^{3/2}} + u_\infty^2} \quad (10)$$

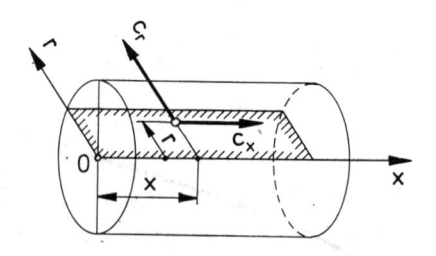

Bild 4.45 Zylinderkoordinaten r,x für den rotationssymmetrischen Halbkörper

c) Die grösste Dicke D in $x = \infty$ folgt aus der Kontinuität

$$E = \frac{\pi}{4} D^2 u_\infty \qquad (11)$$

In $x = \infty$ von der Quelle stromabwärts fliesst der Quell- und Aussenstrom ausgeglichen mit derselben Geschwindigkeit.

Aus der Kontinuitätsbedingung folgt

$$D = 2y_{max} = 2\sqrt{\frac{E}{\pi u_\infty}} \qquad (12)$$

d) (10) mit r = y aus (7) ergibt die Geschwindigkeit c_k entlang der Kontur

$$c_k = u_\infty \sqrt{\left(\frac{D^2}{16}\right)^2 \frac{1}{(x^2+y^2)^2} + \frac{D^2}{8} \frac{x}{(x^2+y^2)^{3/2}} + 1} \qquad (13)$$

e) In S nimmt (13) den Wert $c_k = 0$, $y = 0$ und $x = x_s$ an. Der Staupunktabstand wird

$$x_s = -\sqrt{\frac{E}{4\pi u_\infty}} \qquad (14)$$

f) Für die Druckverteilung p(r,x) im Stromfeld ist die Bernoulli-Gleichung

$$p_\infty + \frac{\rho}{2} u_\infty^2 = p + \frac{\rho}{2} c^2 \qquad \text{massgebend.}$$

Darin c entsprechend (10) eingeführt ergibt den Druck

$$p = p_\infty - \frac{\rho}{2}\left\{\frac{u_\infty E}{2\pi} \frac{x}{(x^2+r^2)^{3/2}} + (\frac{E}{4\pi})^2 \frac{1}{(x^2+r^2)^2}\right\} \quad (15)$$

g) An der **Körperoberfläche** erhalten wir die **Druckverteilung** aus (15) durch Einsatz von r = y (Körperkontur). Dies ergibt den Druckbeiwert

$$c_p = \frac{p - p_\infty}{\frac{\rho}{2} u_\infty^2} = 1 - 4\,(\frac{y}{y_{max}})^2 + 3\,(\frac{y}{y_{max}})^4 \quad (16)$$

skizziert in Bild 4.46.

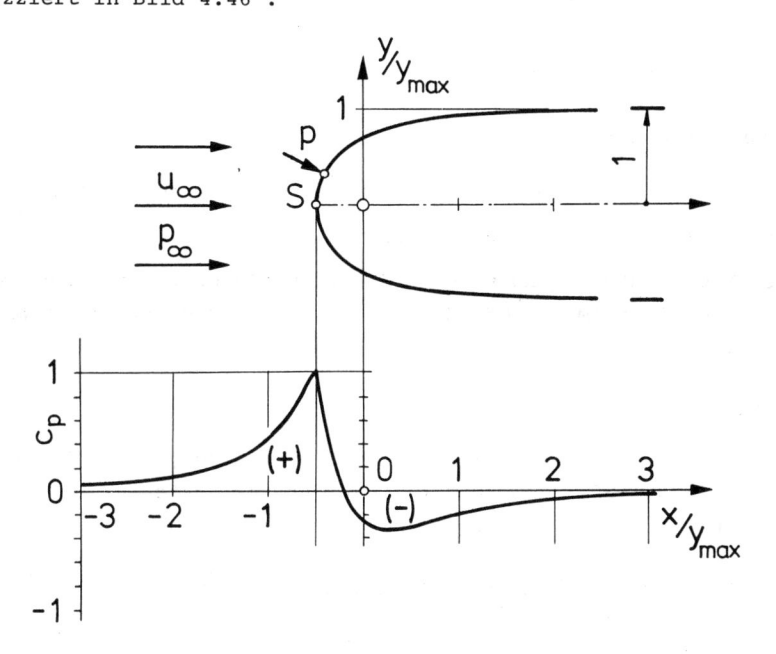

Bild 4.46 Druckverteilung am rotationssymmetrischen Halbkörper

c_p-Vergleich mit ebenem Halbkörper

Vergleich von Bild 4.31 mit Bild 4.46.

Man erkennt:

Der durch die Geschwindigkeitszunahme im vorderen Bereich bedingte Druckabfall ist beim rotationssymmetrischen Halbkörper geringer als beim ebenen Halbkörper, weil beim rundum abgerundeten Körper die Strömung einer geringeren Verdrängung unterworfen wird.

Zahlenbeispiel:

Von einem rotationssymmetrischen Halbkörper nach Bild 4.43 sind bekannt:

Grösste Dicke $\qquad D = 2y_{max} = 100$ mm

Anströmgeschwindigkeit $\qquad u_\infty = 100$ m/s

Man berechne:

a) Strömungsgeschwindigkeit c_k an der Kontur im Punkt $y = 45$ mm

b) Quellstärke E der Punktquelle

c) Komponenten u und v sowie die resultierende Strömungsgeschwindigkeit c im Stromfeld bei $y = 90$ mm und demselben x-Wert wie in a)

Lösung:

a) An der Kontur gilt (7). Mit $y = 45$ mm und $y_{max} = D/2 = 50$ mm wird $x = 35{,}56$ mm. Damit liegt der betrachtete Punkt auf der Kontur fest.

Für die <u>Strömungsgeschwindigkeit</u> c_k in (x,y) folgt mit u_∞, D, x und y aus (12)

$$c_k = 112{,}77 \text{ m/s}$$

b) (11) liefert die <u>Quellstärke E</u> aus D und u_∞.

Hieraus folgt $\qquad E = 0{,}7854 \text{ m}^3/\text{s}$

c) Die Geschwindigkeitskomponenten $u = c_x$ und $v = c_r$ ergeben sich aus (9) bzw. (8). Somit erhält man in $x = 35{,}56$ mm und $y = r = 90$ mm sowie den Daten $D = 100$ mm und $u_\infty = 100$ m/s

$$v = \underline{6{,}21 \text{ m/s}}$$

$$u = \underline{102{,}45 \text{ m/s}}$$

und daraus

$$c = \sqrt{u^2 + v^2} = \underline{102{,}64 \text{ m/s}}$$

Aufgabe 10 (Bild 3.3b und 4.47) Kugelumströmung

Beispiel einer räumlichen drehsymmetrischen Strömung

Die Superposition einer Translationsströmung mit einem dreidimensionalen Dipol (Bild 3.3b, räumliche Dipolströmung mit Achse parallel zur Anströmrichtung) ergibt die Potentialströmung um eine Kugel.

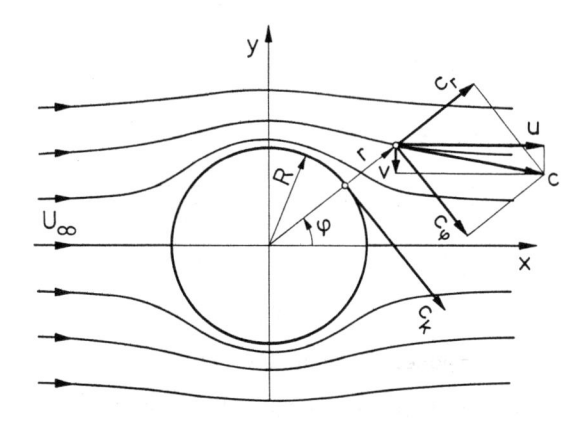

Bild 4.47 Kugelumströmung

Beim räumlichen Dipol sind die x,y-Ebenen Meridianebenen (= Drehflächen) mit gleichem Strömungsverhalten.

Für die Potential- und Stromfunktion findet man folgende Ausdrücke:

$$\Phi = u_\infty x (1 + \frac{1}{2} \frac{R^3}{r^3}) \qquad (1)$$

$$\Psi = \frac{u_\infty}{2} y^2 (1 - \frac{R^3}{r^3}) \qquad (2)$$

worin $y = r \sin\varphi$ und $x = r \cos\varphi$.

Für Kugelkoordinaten mit Rotationssymmetrie um die x-Achse drücken sich die Geschwindigkeiten c_r und c_φ auf Ψ bzw. Φ bezogen so aus:

$$c_r = \frac{1}{r^2 \sin\varphi} \frac{\partial \Psi}{\partial \varphi} = \frac{\partial \Phi}{\partial r} \qquad (3)$$

$$c_\varphi = -\frac{1}{r \sin\varphi} \frac{\partial \Psi}{\partial r} = \frac{1}{r} \frac{\partial \Phi}{\partial \varphi} \qquad (4)$$

Die Geschwindigkeitskomponenten von c in x-bzw.y-Richtung sind

$$u = \frac{\partial \Phi}{\partial x} = \frac{\partial \Psi}{\partial y} \qquad (5)$$

$$v = \frac{\partial \Phi}{\partial y} = -\frac{\partial \Psi}{\partial x} \qquad (6)$$

Daraus die Resultierende
$$c = \sqrt{u^2 + v^2} = \sqrt{c_r^2 + c_\varphi^2} \qquad (7)$$

Man bestimme für die Kugelumströmung:

a) Geschwindigkeitskomponenten u und v
b) Radial- und Tangentialgeschwindigkeit c_r bzw. c_φ
c) Resultierende Strömungsgeschwindigkeit c
d) Strömungsgeschwindigkeit c_k an der Kugeloberfläche
e) Maximalwert von c_k

f) Druckbeiwert $c_p = (p-p_\infty)/((\rho/2)u_\infty^2)$ an der Kugeloberfläche in Funktion von x/R

g) c_p-Werte im Bereiche $-1 \geq x/R \geq -3$

Diese Werte sind zusammen mit den in f) gefundenen Werten in einem Diagramm über x/R aufzutragen

h) Vergleiche die c_p-Werte am Ort der grössten Umströmungsgeschwindigkeit für den rotationssymmetrischen Halbkörper,
den ebenen Halbkörper,
die Kugel und
den Kreiszylinder.

Lösung:

a) Aus den Gln.(5) und (6) erhält man die <u>Geschwindigkeitskomponenten</u>

$$u = u_\infty \left[1 + \frac{1}{2}(\frac{R^3}{r^3} - \frac{3}{2}\frac{x^2 R^3}{r^5}) \right] \quad (8)$$

$$v = -\frac{3}{2} u_\infty \frac{xyR^3}{r^5} \quad (9)$$

b) Mit (3) und (4) ergeben sich die <u>Geschwindigkeitskomponenten</u>

$$c_r = u_\infty \cos\varphi \left[1 - (\frac{R}{r})^3 \right] \quad (10)$$

$$c_\varphi = -u_\infty \sin\varphi \left[1 + \frac{1}{2}(\frac{R}{r})^3 \right] \quad (11)$$

c) (7), (10) und (11) liefern die <u>resultierende Geschwindigkeit</u> im Stromfeld. Es wird

$$c = u_\infty \sqrt{ \left[1 - (\frac{R}{r})^3 \right]^2 + 3(\frac{R}{r})^3 \left[1 - \frac{1}{4}(\frac{R}{r})^3 \right] \sin^2\varphi } \quad (12)$$

d) An der Kugeloberfläche ist r=R. Damit $c_r = 0$, $|c_\varphi| = |c_k|$

Somit folgt aus (11) <u>entlang der Kugelkontur</u>

$$c_k = \frac{3}{2} u_\infty \sqrt{1 - \frac{x^2}{R^2}} = \frac{3}{2} u_\infty \sin\varphi \qquad (13)$$

e) In x=0 bzw. $\varphi = \pi/2$ wird die <u>maximale Umströmungsgeschwindigkeit</u>

$$c_k = \frac{3}{2} u_\infty \qquad (14)$$

erreicht.

f) Setzen wir in die Bernoulli-Gl.

$$\frac{\rho}{2} u_\infty^2 + p_\infty = \frac{\rho}{2} c^2 + p$$

$c = c_k$ aus (14) mit Beachtung von $x/R = \cos\varphi$, so erhalten wir an der <u>Kugelkontur</u> den <u>Druckbeiwert</u>

$$c_p = 1 - \frac{9}{4} \sin^2\varphi = 2{,}25 \frac{x^2}{R^2} - 1{,}25 \qquad (15)$$

g) Wir berechnen c_p mittels (15) und c_p aus u nach (8) <u>entlang der x-Achse</u> (wo $|x| = r$) <u>bis zum Staupunkt S</u>. Die errechneten Werte über x/R aufgetragen zeigt Bild 4.48.

h) Wie aus dem c_p-<u>Vergleich</u> mit dem drehsymmetrischen Halbkörper (Bild 4.46) hervorgeht, ist bei der Kugelumströmung die Uebergeschwindigkeit an der Kontur deutlich grösser.

Die Kugel prägt demnach der Strömung eine grössere "Verdrängungswirkung" auf.

Zieht man einen Vergleich zwischen der Umströmung der zwei behandelten zylindrischen Körpern

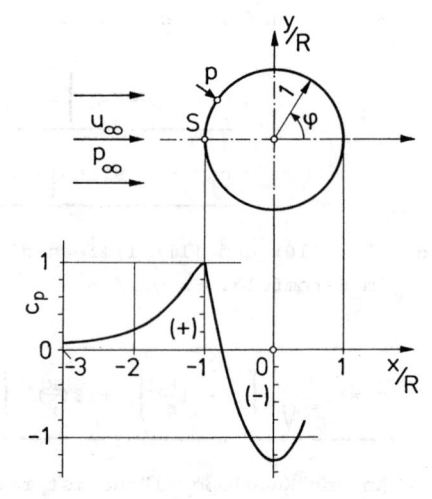

Bild 4.48 Druckverteilung der Kugelumströmung

[Kreiszylinder (Index KZ), Aufgabe 6 und ebener Halbkörper (EHK), Aufgabe 2] und den zwei drehsymmetrischen Körpern [Rotationssymmetrischer Halbkörper (RHK), Aufgabe 9 und vorliegende Kugelumströmung (K)], so stehen die minimalsten c_p-Werte am Ort der grössten Umströmungsgeschwindigkeit im nachstehend angegebenen Verhältnis:

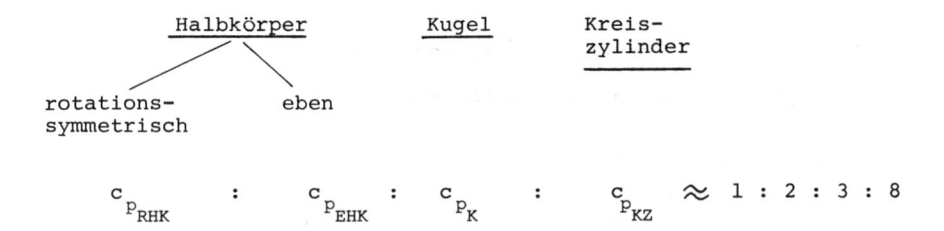

```
            Halbkörper            Kugel         Kreis-
           /        \                           zylinder
 rotations-         eben
 symmetrisch
```

$$c_{p_{RHK}} : c_{p_{EHK}} : c_{p_K} : c_{p_{KZ}} \approx 1 : 2 : 3 : 8$$

Hieraus ist ersichtlich:

Die <u>Kreiszylinderumströmung</u> hat von den betrachteten Strömungskörpern die <u>grösste Verdrängungswirkung</u>.

In der wirklichen reibungsbehafteten Strömung sieht das Strömungsbild auf der hinteren Seite der umströmten Konturen im Gebiete ansteigenden Druckes infolge der Wirkung der Ablöseerscheinungen grundlegend anders aus als das potentialtheoretische Geschehen.

Mit grösserem Druckanstieg hinter dem umströmten Körper wird im allgemeinen eine ausgeprägte Ablösung der Strömung einhergehen. Daher verhalten sich die den Strömungswiderstand F_w kennzeichnenden Widerstandsbeiwerte $c_w = F_w / ((\rho/2) u_\infty^2 A)$ (mit A als **Projektionsfläche** in Anströmrichtung) qualitativ etwa gleich wie die oben erwähnten c_p-Verhältnisse.

Aufgabe 11 (Bild 4.49) Räumliche Staupunktströmung

Ein ergänzendes Beispiel zu rotationssymmetrischen Stromfeldern: Die in Bild 4.49 dargestellte rotationssymmetrische inkompressible räumliche Staupunktströmung wird beschrieben durch die

Potentialfunktion $\quad \Phi(r,z) = \frac{a}{2}(r^2 - 2z^2)$ (1)

In (1) ist a eine Konstante, ausserdem gilt
$r^2 = x^2 + y^2$ (y-Achse in der r,x-Ebene).

a) Berechne die Geschwindigkeitskomponenten
c_r, c_z, u, v, w
(Bild 4.50)
und die resultierende Geschwindigkeit c.

b) Wie lautet die Gleichung der Stromlinien in der x,z-Ebene ?

c) Beweise, dass die Projektion der Stromlinien auf die x,y-Ebene Geraden durch den Ursprung (r = 0) sind.

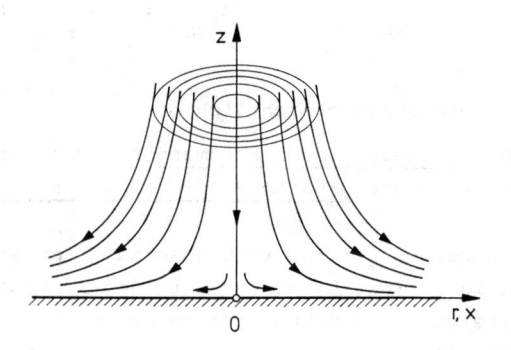

Bild 4.49 Räumliche Staupunktströmung

Lösung:

a) Aus der Potentialfunktion Φ folgen <u>die Geschwindigkeiten</u>

$$c_r = \frac{\partial \Phi}{\partial r} = ar \qquad (2)$$

$$c_z = w = \frac{\partial \Phi}{\partial z} = -2az \qquad (3)$$

$$u = \frac{\partial \Phi}{\partial x} = ax \qquad (4)$$

$$v = \frac{\partial \Phi}{\partial y} = ay \qquad (5)$$

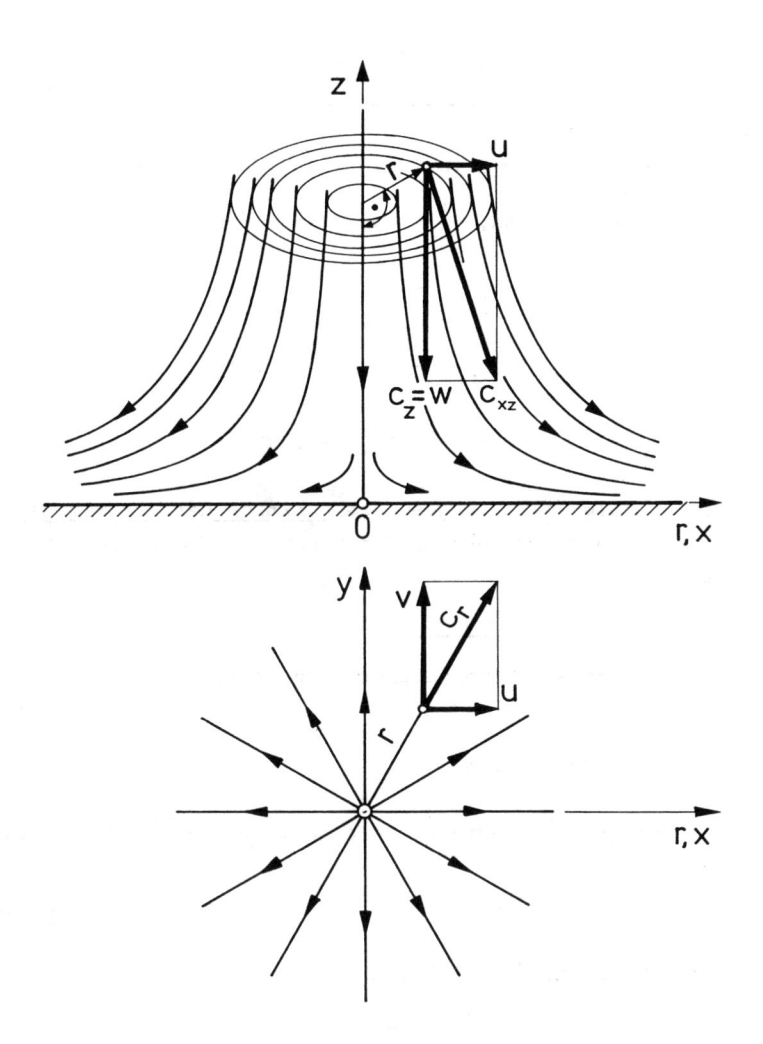

Bild 4.50 Strömungsgeschwindigkeiten der räumlichen Staupunktströmung

Aus (3), (4) und (5) erhalten wir die <u>resultierende Geschwindigkeit</u>

$$c = \sqrt{u^2 + v^2 + w^2} = a\sqrt{r^2 + 4z^2} \qquad (6)$$

Mit c_r als Projektion von c auf die x,y-Ebene und c_{xz} als Projektion von c auf die x,z-Ebene gilt ebenso

$$c = \sqrt{c_r^2 + w^2} \qquad (7)$$

b) $\dfrac{dx}{dz}$ beschreibt die Stromlinien bezüglich der x,z-Ebene.

Setzen wir $\dfrac{\partial \Phi}{\partial x} = ax$, $\dfrac{\partial \Phi}{\partial y} = ay$ und $\dfrac{\partial \Phi}{\partial z} = -2az$, so wird

$$\dfrac{dx}{dz} = -\dfrac{x}{2z} \qquad (8)$$

(8) umgeformt $\quad \dfrac{dx}{x} = -\dfrac{dz}{z} \quad$ und integriert ergibt

$$\ln x = -\dfrac{\ln z}{2} + \ln C$$

Hieraus folgt für die gesuchte **Funktion der Stromlinien** in der x,z-Ebene (Projektion der Stromlinien auf die Meridianebene)

$$x^2 z = C \qquad (9)$$

((9) deutet auf Hyperbeln dritten Grades)

c) In der x,y-Ebene gilt

$\dfrac{u}{v} = \dfrac{dx}{dy} = \dfrac{x}{y}$. Daraus ergibt sich $\dfrac{dx}{x} = \dfrac{dy}{y}$ und integriert

$\ln x = \ln y + C$, somit ist die **Projektion der Stromlinien auf die x,y-Ebene** darstellbar durch

$$x = C y \qquad (10)$$

(10) beschreibt **Geraden** durch den Ursprung.

Aufgabe 12 (Bild 4.51a,b,c,d,e,f,g) **Tragflügel**

Strömungsbilder, entstanden aus mehreren gleichzeitig zusammenwirkenden Elementarströmungen (Singularitätenverfahren).

Man skizziere in grober qualitativer Beurteilung die resultierenden Strömungsbilder, welche durch folgende Ueberlagerungen von Elementarströmungen (Grundsingularitäten) entstehen:

a) Potentialwirbel + Parallelströmung   (Bild 4.51a)

b) Mehrere Potentialwirbel + Parallelströmung   (Bild 4.51b)

c) Quell-Senken Paar
   + Potentialwirbel + Parallelströmung   (Bild 4.51c)

d) Quell-Senkenbelegung + Parallelströmung   (Bild 4.51d)

e) Quell-, Senken- und Wirbelbelegung
   + Parallelströmung   (Bild 4.51e)

f) Zwei Potentialwirbel + Parallelströmung   (Bild 4.51f)

g) Geordnet verteilte Potentialwirbel
   + Parallelströmung   (Bild 4.51g)

a)

b)

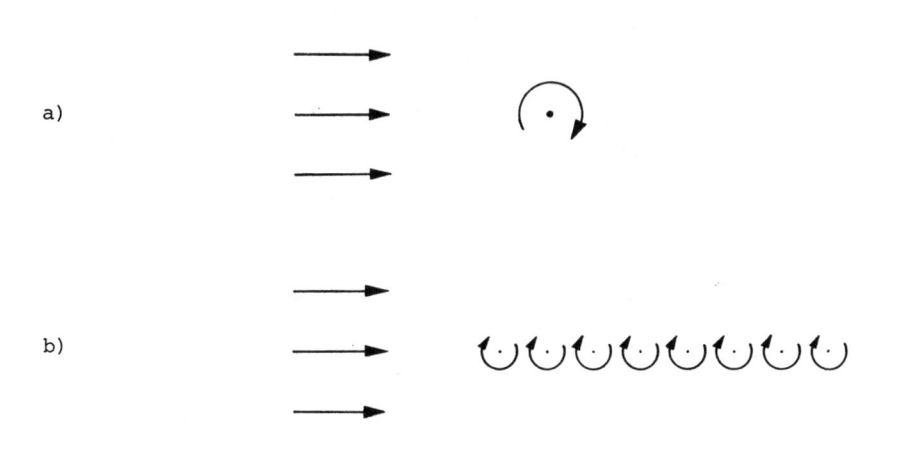

Bild 4.51 Singularitätenanordnungen

c)

d)

e)

f)

g)

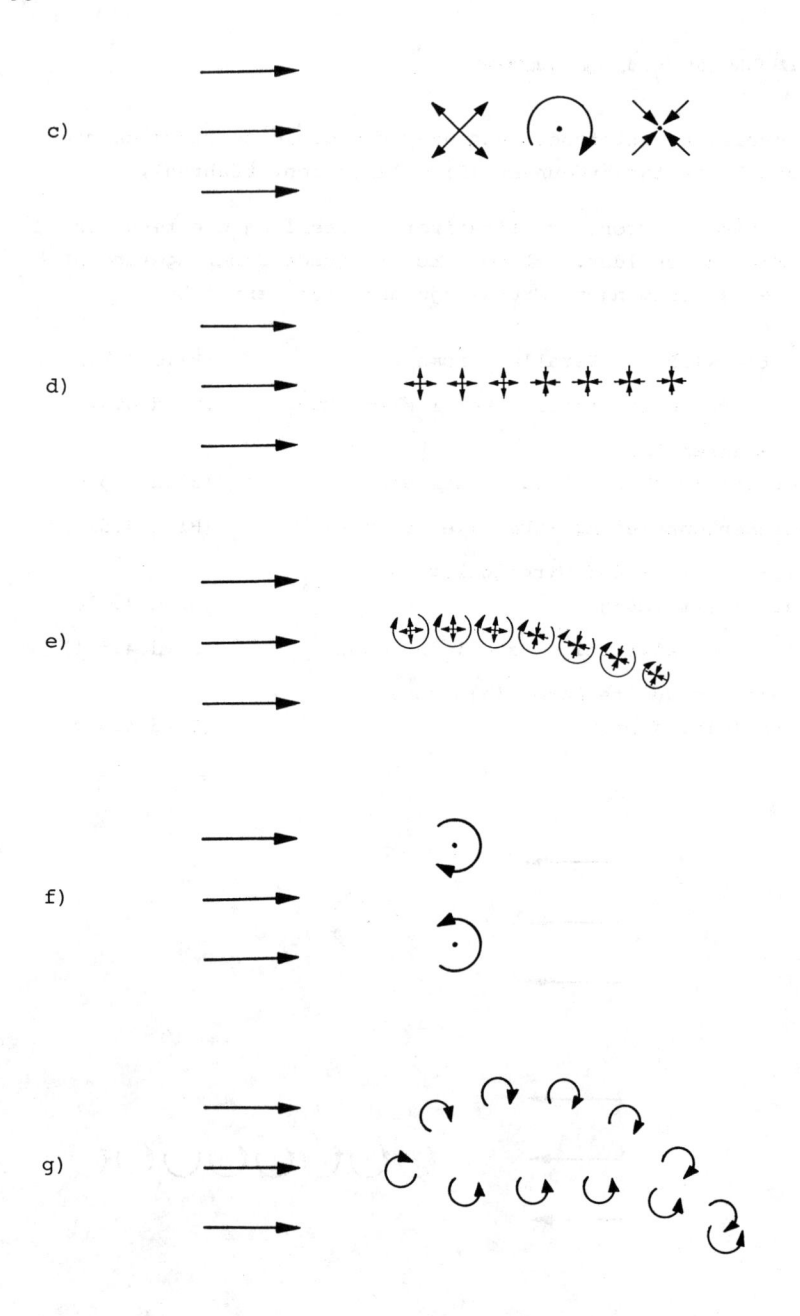

Bild 4.51 Singularitätenanordnungen

Lösung:

a) Bild 4.52

Die durch den Potentialwirbel erzeugte zirkulatorische Strömung bewirkt eine unterschiedliche Strömungsgeschwindigkeit ober- und unterhalb des Wirbelkernes.
An der Oberseite ist sie grösser, an der Unterseite kleiner. Es resultiert eine Auftriebswirkung.

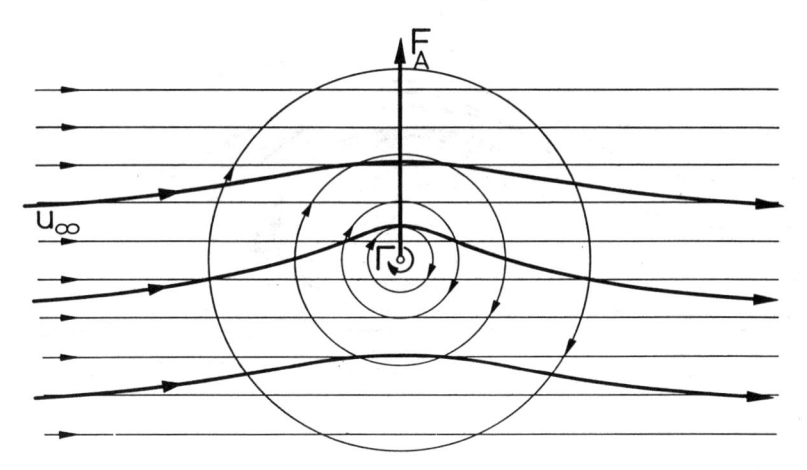

b) Bild 4.53

Das entstehende Geschwindigkeitsfeld ist gleichmässiger gekrümmt als in a). Ein Teil einer Stromlinie als feste Wand betrachtet kann als sehr dünnes Tragflügelprofil (Skelettprofil, Sehne s, Wölbung f) aufgefasst werden.

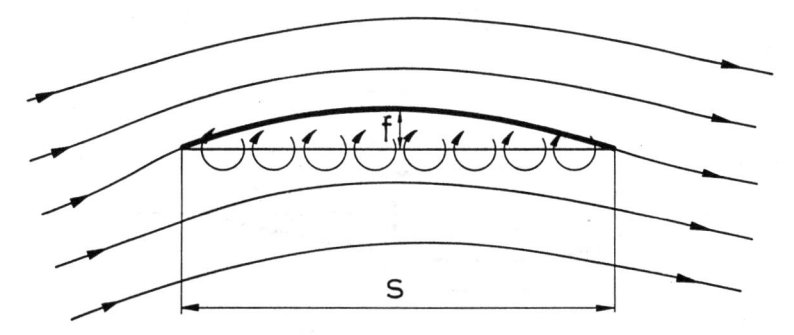

c) Bild 4.54

Aus dem Stromlinienbild geht eine geschlossene Stromlinie hervor (etwas abweichend von der gestrichelt eingezeichneten Form des ovalen Körpers, Aufgabe 3 in Abschnitt 4.3).

Sie kann als umströmter Körper gewertet werden. Der zirkulatorisch umströmte Körper erfährt eine Auftriebskraft F_A (Um das Bild nicht zu überlasten, ist F_A nicht eingezeichnet).

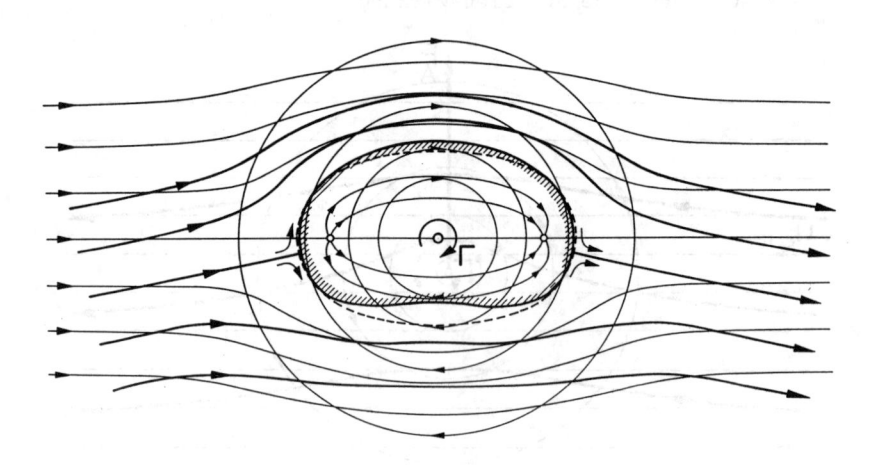

d) Bild 4.55

Bei geeigneter Wahl der Quell-Senkenbelegung entsteht eine geschlossene Stromlinie, die ein spitz auslaufendes Gebiet eingrenzt. Es entsteht ein symmetrisches Profil, das man als Profiltropfen bezeichnet.

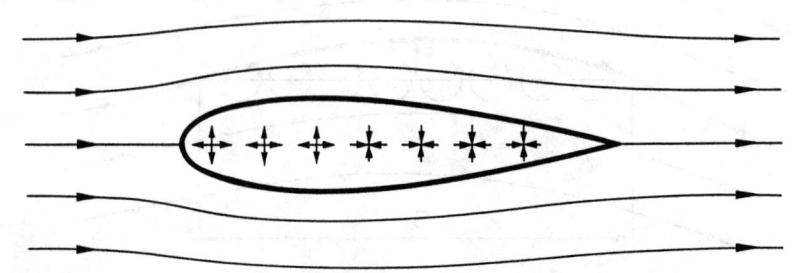

e) Bild 4.56

Unter dem Einfluss der Potentialwirbelbelegung entsteht aus dem Profiltropfen in d) ein gewölbtes Profil.

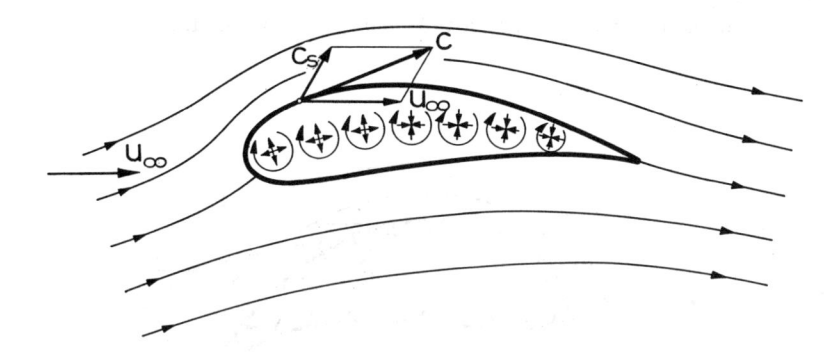

f) Bild 4.57

Die beiden Potentialwirbel sind gegenseitige Spiegelbilder, wobei die Spiegelungsebene Symmetrieebene wird.
Die Potentialwirbel üben eine Verdrängungswirkung auf die Parallelströmung aus. Im resultierenden Stromlinienbild ist eine geschlossene Stromlinie erkennbar. Sie kann als fester Körper gedeutet werden.

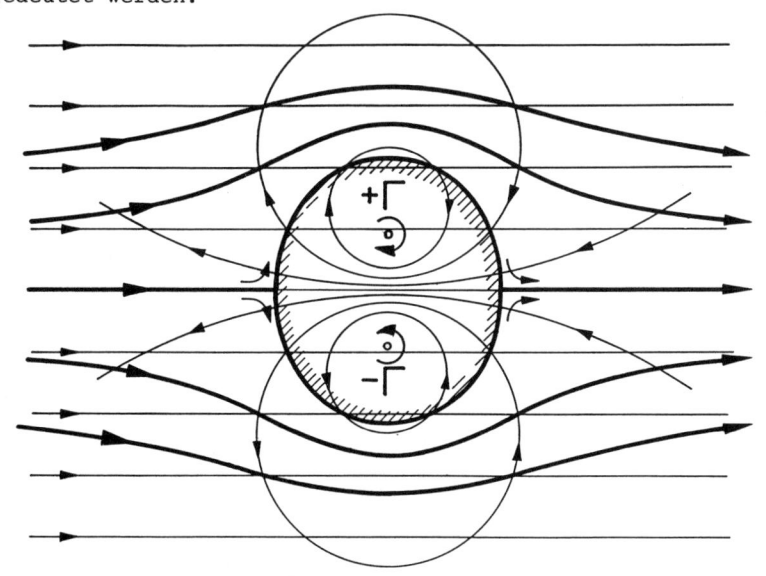

g) Bild 4.58

Abgestützt auf f) entsteht aus zweckmässig verteilten Wirbelstärken und der Parallelströmung eine mehr oder weniger gekrümmte tragflügelförmige geschlossene Stromlinie, die als Tragflügel oder Schaufelprofil aufgefasst werden kann.

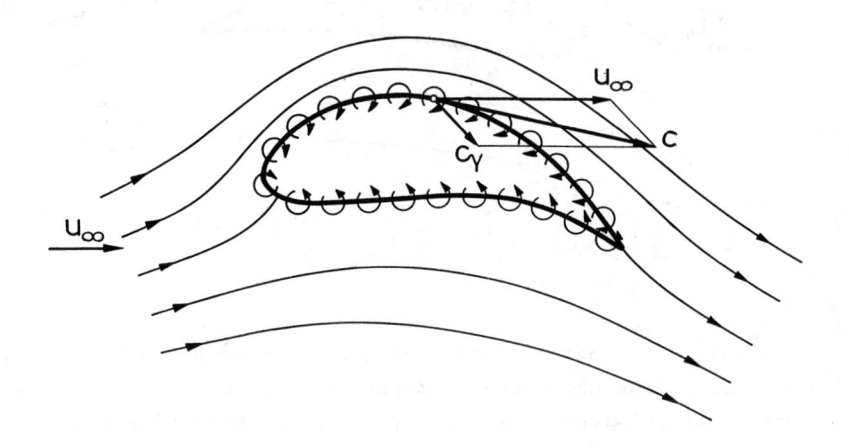

Literaturverzeichnis

Dubbel
: Taschenbuch für den Maschinenbau, 14. Auflage
Berlin, Heidelberg, New York,
Springer 1981

Eppler, R.:
: Strömungsmechanik,
Akademische Verlagsgesellschaft, Wiesbaden 1975

Federhofer, K.:
: Aufgaben aus der Hydromechanik
Wien, Springer-Verlag 1954

Hütte
: Die Grundlagen der Ingenieurwissenschaften. 29. Auflage,
Berlin, Heidelberg, New York, London, Paris, Tokyo, Hong Kong:
Springer 1989

Käppeli, E.:
: Strömungslehre und Strömungsmaschinen. 5. erweiterte Auflage,
Verlag Harri Deutsch, Thun; Frankfurt am Main, 1987

Kaufmann, W.:
: Angewandte Hydromechanik. 2 Bände
Springer 1931 und 1934

Keune, F.u.K. Burg:
: Singularitätenverfahren der Strömungslehre
G. Braun, Karlsruhe 1975

Tietjens, O.:
: Strömungslehre. Erster Band
Springer, Berlin 1960

Truckenbrodt, E.:
: Lehrbuch der angewandten Fluidmechanik
Berlin, Heidelberg, New York, Tokyo
Springer 1983

STICHWORTVERZEICHNIS

Äquipotentiallinien 22
Auftrieb 78/80
Auftriebskraft 78/80
Auftriebssatz um Kutta-Joukowski 79

Bernoulli-Gleichung 8, 38, 51, 70, 78

Dipol 12, 13
-, räumlicher, dreidimensionaler 17, 89/92
-, Strömung 12/14
-, Moment 12,17, 69/72
Divergenz 7, 20/29
Drehkörper 82/89
Drehnung, Rotation 7, 20/29
Drehungsfreiheit 7, 20/29
Drehsymmetrische Koordinaten 9, 86
-, Strömung 16, 82/96
Druckbeiwert 51, 70/71, 77/78, 87/88
Druckkraft 37/40
Druckverteilung 38/40, 70/71, 77/78, 87/88, 92/93

Ebene Quelle 12/15, 18/19, 44/68
-, Senke 12/15, 18/19, 37/40, 53/60
-, Staupunktströmung 10/11, 30/36, 73/74
-, (zweidimensionale) Strömung 7/102
Eckenströmung 10,11, 30/36
Elementare Strömungsbilder 10/13
Ergiebigkeit 12, 44/68, 88

Fluid 8

Geschwindigkeit 7/102
-, Komponenten 7, 9/13, 20/36, 44/102
-, Feld 8, 9
Gleichung Halbkörperkontur 18, 50
-, Kontinuität 7, 20/29, 41, 49, 64, 86
-, Laplacesche 7/8, 20/29
-, Stromlinien 9, 17/18, 64, 95
Grenzschicht 5, 79
Grundgesetze der ebenen inkompressiblen Potentialströmung 7/102

Halbkörper 15, 19, 47/52, 61/68
-, drehsymmetrischer 83/89
-, ebener 15, 19, 47/52
-, mit Abplattung 15, 19, 68
-, mit Einbeulung 15, 19, 61/68
Hydrostatischer Druck 37/40

Imaginärteil 7/8, 59/60
Inkompressible Strömung 5/102

Kartesische Koordinaten 9
Komplexe Darstellung 7/9
-, Geschwindigkeit 7/9, 17, 30/31, 42/43
-, Strömungsfunktion 7, 11, 17/19, 30/36, 40/68
-, Zahlen 9
Konjugiert komplexe Geschwindigkeit 7, 9, 17, 30/31, 42/43
Konstruktion des Stromlinienbildes 46, 52, 57, 65, 67, 81
Kontinuitätsgleichung 7, 20/29, 41, 49, 64, 86
Kontur, Körperkontur 8, 17/19, 47/52, 55/56, 63, 64, 68, 84/89, 97/102
Kreiszylinderumströmung 14, 17, 68/73
- mit Auftrieb (zirkulatorische Umströmung) 14, 17, 74/82
Kugel-Koordinaten 9, 40
-, symmetrische Strömung 89
-, Umströmung 16, 89/93
Kutta-Joukowskischer Auftriebsatz 79

Laplace-Gleichung 7, 8, 24/29
Laplace-Operator 7, 8

Magnus-Effekt 79

Nabla-Operator 7

Orthogonale Kurvenscharen 8, 9, 22, 26/27
Orthogonaltrajektoriennetz 8, 9, 22, 26/27
Ovaler Körper 14, 18, 53/60

Parallelströmung 10/11, 14/19, 40/43, 47/93, 97/102
Potential 7
-, Funktion 7, 11, 17/19, 21/36, 40/90
-, Gleichung, Laplace-Gleichung 7, 8, 24/29
-, Linien 9, 22, 26/27
-, Netz 9, 22, 26/27
-, Strömung 7/102
-, Wirbel 12/14, 17, 74/82, 97/102
Profil 97/102
Profiltropfen 100/101
Punktquelle 83

Quelle 12, 13, 15/16, 18/19, 44/68, 83/89
Quellpaar 15, 61/68
Quell-Senkenpaar 12/14, 18, 53/60
Quellstärke 12, 44/68, 88
Quellströmung 12/15, 44/47, 61/66

Räumliche Strömung 16
-, drehsymmetrische Strömung 82/83, 89/93
-, Potentialströmung 16, 82/96
-, Quelle 16, 83/85
Räumlicher Dipol 16, 89/92
Realteil 7/8, 59/60
Reibungslose Strömung 7/102
Rotation, Drehung 7/8, 20/29
Rotationssymmetrischer Halbkörper 16, 83/89
Rotationssymmetrische Parallelströmung 83
Rotationssymmetrische Umströmung 82/96

Schaufelprofil 102
Schütztafel 37/40
Senke 12/13, 37/40
Senkenströmung 12/13, 37/40
Singularitätenverfahren 14/16, 44/93, 97/102
Skelettprofil 99
Stabquelle 12/13, 18
Statischer Druck 8, 37/40, 51, 70, 78
Staupunkt 17/19, 44/102
Staustromlinie 44, 47
Staupunktströmung 10/11, 30/36, 73/74, 94/96
Stromfunktion 7/13, 17/19, 21/36, 40/90
Stromfunktionsänderung 26, 82
Stromlinien 9, 17/19, 94/95
Stromlinienbilder 10/19, 22, 26/27, 30, 33/35, 40, 46/49, 52, 57, 65, 67, 69, 72/75, 81, 84, 89, 94, 96, 99/102
Strömungsfeld 8, 26, 94
Strömungsgeschwindigkeit 7/102
Strömungsgrössen an zylindrischen Körpern 17, 19
-, an Elementarströmungen 10/13
Strömung um
-, ovaler Körper 14, 18, 53/60
-, Halbkörper 15, 19, 47/52, 61/68
-, Kreiszylinder 14, 17, 68/73
-, Kugel 16, 89/93
-, rotationssymmetrischer Halbkörper 83/89
Superposition 8, 9, 44/102
Symmetrisches Profil 100

Tragflügel 97/102
Translationsströmung, Parallelströmung 10, 11, 40/43, 47/93, 97/102

Überlagerung von Potentialströmungen 8, 9, 44/102
Überlagerungsprinzip 8, 9, 14/19, 44/82, 97/102

Widerstandsbeiwert 93
Widerstandskraft 93
Winkelraumströmung 10, 11, 30/36

Zirkulation 8, 12/14, 17, 74/82, 97/102
Zirkulatorische Kreiszylinderumströmung 14, 17, 74/82
Zirkulatorische Strömung 12/13, 17, 74/82, 97/102
Zweidimensionale Strömung 3/102
Zylinderkoordinaten 9, 86
Zylindrische Körper, Umströmung 14/19, 47/82, 97/102